Gartenträume

Gartenträume

250 inspirierende Ideen für Gestaltung und Dekoration

Joan Clifton

Fotos von Steven Wooster

Callwey

Die Originalausgabe erschien 2004 unter dem Titel
"Stone, wood, glass & steel" bei Aquamarine,
einem Imprint von Anness Publishing Ltd.
Hermes House, 88-89 Blackfriars Road, London SE1 8HA

Verlag Georg D. W. Callwey GmbH & Co. KG
Streitfeldstraße 35, 81673 München
2. Auflage 2008
www.callwey.de
E-mail: buch@callwey.de

Die Deutsche Nationalbibliothek – CIP Einheitsaufnahme
Ein Titelsatz für diese Publikation ist bei der deutschen Nationalbibliothek erhältlich.

ISBN 978-3-7667-1624-8

Übersetzung aus dem Englischen: Frank von Bergen, Freiburg
Fachredaktion: Michael Brandstätter
Umschlaggestaltung: Grafikhaus, München
Satz und Herstellung: Buch & Konzept, Annegret Weland, München

Printed in Singapore 2008

Inhalt

Einführung

Es ist wahr: Im Garten geht es um Natur und Pflanzen. Der Garten ist ein Ort zum Entspannen, hier kann man dem Stress des Alltags entfliehen und wieder Zugang zur lebendigen Welt gewinnen. Dennoch ist ein Garten ohne Struktur nur eine formlose Ansammlung von Pflanzen, sei ihre Auswahl auch noch so prächtig. Beachtet man dies bei der Gestaltung, kann man, insbesondere durch den wirkungsvollen Einsatz von Ziegeln und Mörteln, den vorhandenen Raum optimal nutzen, schafft Ordnung, setzt Maßstäbe und verbindet alles zu einer architektonischen Einheit.

Die Auseinandersetzung mit dem Garten- und Landschaftsbau verwandelt Ihren Garten aus einer lockeren botanischen Ansammlung in eine Bühne, aus der die Pflanzen in einem spannungsgeladenen Spiel wie Stars und Nebendarsteller auftreten.

Dieses Buch erkundet verschiedene, für den Freilandeinsatz erhältliche Materialien, darunter Naturstoffe, neu entwickelte und zusammengesetzte Kunststoffe, und stellt Ihnen deren jeweilige Eigenschaften und Stärken vor. Sie finden Überlegungen dazu, welches Material sich wofür am besten eignet. Auch bauliche und praktische Überlegungen werden berücksichtigt. Dieses Buch möchte Ihnen dabei helfen, Ihre Ziele bei der Gartengestaltung zu definieren und in Ihrem grünen Paradies die Gartenlandschaft zu formen, die Ihnen das Refugium bietet, nach dem Sie suchen und das zu Ihren Wünschen und Ihrem Lebensstil passt.

Oben: Gefaltete, waagerecht zwischen Spanndrähte geschobene Gewebestreifen bilden einen effektiven, beweglichen Sonnenschutz und schirmen die Blicke aus darüber liegenden Fenstern ab.

Gegenüber: In diesem winzigen Innenhof wurde eine intelligente Raumnutzung durch den Einsatz eines erhöhten hölzernen Decks erzielt, das durch eine Glasscheibe unsichtbar vom darunter liegenden Sitzbereich abgetrennt wurde. Die markanten, waagerechten Linien der Holzstufen, der Bank und des Tisches kontrastieren mit den Terrakottakübeln und den senkrechten Latten der Sessel.

Rechts: Eine fast blickdichte Trennwand aus hölzernen Wäscheklammern zeigt, wie man Alltagsobjekte bei der Gartengestaltung verwenden kann.

Ganz rechts: In ein Betonbett gesetzte Kieselsteine bilden äußerst dekorative Pflasterelemente.

Rechts: Unregelmäßige Natursteinbrocken wurden ohne verbindenden Zement zu einer soliden Steinmauer zusammengefügt.

Ganz rechts: Ein ungewöhnliches Jalousie-Element unterbricht die glatte Oberfläche einer gestrichenen Garten-Trennwand aus Sperrholz.

Rechts: Solche handgestrichenen Ziegel wirken rustikal, was durch die Verwendung verschiedenfarbiger Tonsorten noch unterstrichen wird.

Ganz rechts: Dieser erhöhte Laufsteg besteht aus schmalen Streifen verzinkten Stahls.

Ganz links: Ein Deck aus schmalen Holzbrettern eignet sich gut, um erhöhte Terrassen anzulegen oder unebene, instabile Böden abzudecken.

Links: Wenn man dekorative Muster in Glasplatten einlegt, kann man vielfältige Spezialeffekte erzeugen.

Ganz links: Schöne Kontraste entstehen, wenn Ziegel mit Steinplatten kombiniert werden.

Links: Verschieden große Bruchstücke aus Naturschiefer wurden zu einer wirkungsvollen Bodenbedeckung zusammengestellt.

Ganz links: Transparentes Glas harmoniert wunderbar mit Wasser und erzeugt anregende plastische Effekte.

Links: Durchscheinende, leuchtend bunte Plastikfolien sorgen für aufregende optische Effekte.

Kapitel eins

Stein

Naturstein besitzt Eigenschaften, die dem Auge schmeicheln und die Seele erfreuen. Er ist eins mit der Landschaft und vermittelt ein Gefühl von Regionalität, Zeitlosigkeit und Echtheit. Beeindruckend, dass viele der heute abgebauten Steine vor Millionen von Jahren entstanden! Seine Kraft und sein breites Spektrum an Farben und Texturen machen ihn zu einem der verführerischsten und beständigsten Materialien, die im Garten eingesetzt werden können.

Links: Glatter, heller Kalkstein gibt diesem eleganten, formalen Garten ein klares, zurückhaltendes Gepräge. Die rechteckigen Formen der dunklen Formschnittgehölze und des Rasens verstärken seine kräftigen Linien.

Stein Einführung

Beben und Feuer aus dem Herzen der Erde schleudert es empor, und das Eruptivgestein schmolz zu einer festen, undurchdringlichen Masse. Sedimentgestein ist eher porös und bröckelig; es besteht aus winzigen, von Fluten und Meerwasser abgelagerten, zu kompakten Schichten gepressten Partikeln. Die unterschiedliche Zusammensetzung der Gesteine beeinflusst ihre Verwendung.

Granit, ein Eruptivgestein mit glitzernden Glimmer- und Quarzeinschlüssen, ist das härteste und ausdauerndste Gestein. Es ist wasserundurchlässig, widersteht Umwelteinflüssen und starkem Verkehr. Granit ist schwer, aufwendig zu verarbeiten und dementsprechend teuer. Sandstein, ein Sedimentgestein, ist wesentlich leichter zu verarbeiten. Durch seine warmen Töne und die feine Textur eignet er sich für viele Zwecke. Seine Langlebigkeit macht ihn zu einer guten Investition. Kalkstein, ebenfalls ein Sedimentgestein, gibt es in warmen, leicht geäderten Grau- oder Cremetönen, manchmal mit fossilen Einschlüssen. Luxuriösen Marmor findet man auf der ganzen Welt. Seine Grundfarben Creme/Weiß, Grau/Schwarz, Bernstein/Braun und Grün sind von einem Aderngeflecht verschiedener Mineralien durchzogen, das verleiht jedem Flöz einen einzigartigen Charakter. Schiefer ist ein sehr vielseitiges Material. Aus Cornwall und Wales kommt Schiefer in dunklen Schattierungen von Moosgrün, Purpur und Kohlschwarz, der wunderbar zu Pflanzen und Wasser passt. Afrikanischer und indischer Schiefer mischt die Farben von heißem Sand und Eisen und belebt dynamische, moderne Gestaltungen. Wasser formte Flusskiesel und Kieselsteine, sie eignen sich als Bodenbedeckung oder zur Dekoration in informellen oder naturnahen Gärten.

Natursteine aus verschiedenen Regionen bieten ein breites Spektrum an Farben und Texturen. Besonders bei Pflasterarbeiten sollte man aus dieser Fülle auswählen und nicht nach einer der immer häufiger angebotenen Imitationen greifen. Auch wenn die Kopien noch so gut sind, so ersetzen sie doch nie die lebendigen Eigenschaften des Echten.

Gegenüber: Eine zeitgenössische Version einer trockenen Steinmauer wurde ohne Mörtel durch das Aufschichten dünner Platten afrikanischen Sandsteins erzielt. Die unregelmäßige Mauerkrone korrespondiert mit den metallenen Brunnenstufen und schließt die Wand dynamisch ab.

Rechts: Roh behauene Sandsteinbrocken eignen sich für Bauten in naturnahen Gärten.

Ganz rechts: Platten aus gespaltenem indischem Schiefer zeigen lebendige Farb- und Texturkombinationen.

Rechts: Flusskiesel setzen sich von einfachen Pflasterplatten aus Beton ab und beleben den praktischen Bodenbelag.

Ganz rechts: In diesem Innenhof wurde heller Kalkstein für die Böden und Stufen verwendet. Er hebt sich gut von dem Mosaik aus Marmorkacheln ab.

Rechts: Terrazzo wird als Bodenbelag, aber häufig auch für Dekorationsobjekte wie Pflanzkübel und Gartenmöbel verwendet.

Ganz rechts: Unregelmäßig geformte, in stählerne Gitterkörbe geschichtete Feuersteine bilden ein dramatisches Konstruktionselement.

Ganz links: Gespaltene Sandsteinplatten mit ihrer interessanten Struktur und weichen Farbe wirken immer zeitlos.

Links: Diese elegante und preiswerte Mauer besteht aus runden Flusskieseln, die von einer Konstruktion aus Maschendraht und Holz gehalten werden.

Ganz links: Sorgfältig verarbeitete Steinplatten ergeben eine klare Wandgestaltung.

Links: Unterschiedlich große Platten bilden eine stark strukturierte Trockenwand.

Ganz links: Mit ihrer kleinen, viereckigen Form eignen sich Pflastersteine aus Granit gut für gekurvte Flächen.

Links: Seine harte Struktur und intensiven Farben machen Schieferpflaster zu einem beliebten Bodenbelag im Garten.

Oberflächen

Pflaster aus echtem Stein verleiht jedem Garten Charakter und Würde. Die Auswahl des Materials, die Art, wie es gebrochen wurde, die Oberflächenbearbeitung und das Muster, in dem es verlegt wurde, beeinflussen den endgültigen Eindruck, der traditionell, rustikal oder modern sein kann.

Rechts: Dieser sich schlängelnde Pfad wirkt dynamisch, die dunklen Flusskiesel in den Zwischenräumen der Linien verstärken den Eindruck noch.

Gegenüber: Terrazzo kann für gekrümmte Formen modelliert werden. Hier betont ein Kiesstreifen die Form der polierten Bereiche.

Unten: Massive Natursteinkugeln kontrastieren mit der kühlen, glatten Pflasterung.

Stein ist extrem widerstandsfähig und bekommt im Alter eine Patina, die mit jedem Jahr schöner wird. Ein breites Spektrum von Strukturen, Farben und Oberflächen ermöglicht die Verwendung von Stein für jedes Projekt. Die größten Gartenbereiche, in denen Stein verwendet wird, sind gepflasterte Flächen. Deshalb sollte man über deren Aussehen und die praktischen Seiten gründlich nachdenken. Gartengestaltung ist dann am erfolgreichsten, wenn das Material sich mit der bestehenden Architektur des Anwesens mischt oder in einem sinnvollen Kontrast dazu steht. Probieren Sie es aus, bevor Sie sich endgültig entscheiden. Da Farbe und Struktur sich beim Kontakt mit Regenwasser verändern können, sollten Sie den Stein mit einem Schlauch nass abspritzen, um sicher zu gehen, dass er Ihnen trocken und nass gut gefällt.

Im Zusammenhang mit Pflaster hört man oft den Begriff „York" und meint damit alle Sandsteinbeläge, obwohl echter Yorkstein nur in einer Region in Nordengland gebrochen wird. Besonders häufig verwendet wurde er in der Georgianischen Epoche Großbritanniens. Die damit gepflasterten Parlamente und Innenhöfe befinden sich noch immer in gutem Zustand, was seine Haltbarkeit beweist. Neuer Yorkstein ist sehr teuer, aber gebrauchte Platten bekommt man oft zu akzeptablen Preisen. In Deutschland ist Yorkstein praktisch nicht zu erhalten, hier hat der Solnhofer Kalkstein eine ähnliche Verbreitung und vielfältige Verwendung gefunden.

Gespaltene Sandsteinplatten, welche die Lamellenstruktur des Sedimentgesteins offenbaren, werden oft in traditionellen Gestaltungen eingesetzt. Für eine modernere Wirkung sind gesägte Platten gebräuchlicher; das saubere, glatte Aussehen passt beim Bau von Terrassen, Wegen und Stufen sehr gut. Anders als bei Industriepflaster kann bei natürlichen Platten die Dicke variieren. Um eine glatte Oberfläche zu erhalten, sollte man dies beim Verlegen einkalkulieren.

Kalkstein wird normalerweise in Platten gesägt verkauft, die ideal für sauber wirkende Pflasterungen und Stufen sind und eine elegante, zurückhaltende Ausstrahlung haben. Die hellen Farben dieses Steins liegen sehr im Trend, da sie gut zu modernen Materialien wie rostfreiem Stahl und Zink passen. Daher empfiehlt sich Kalkstein besonders für neue Gärten. Er ist jedoch poröser und anfälliger für Umwelteinflüsse als Sandstein. Deshalb sollte man sich genau überlegen, ob man ihn im Außenbereich einsetzt. Manche Arten sind härter und weniger porös, aber jeder Kalkstein neigt zur Verfärbung. Dies macht ihn anfällig für Flecken durch verschüttete Getränke oder den Rost metallener Füße von Möbeln. Kalkstein ist also ein Stein für Erwachsene, die sich zu benehmen wissen.

Schiefer hat eine Lamellenstruktur, die es ermöglicht, ihn in Platten zu spalten. Daher wird er auch als Dachziegel geschätzt. Er wirkt besonders in der Breite, weshalb er ein ideales Material für Oberflächen wie Stufen und Pflasterflächen ist. Schieferpflaster gibt es gespalten zu kaufen. Die unebene, brüchige Oberfläche hat einen rustikalen Charakter, der gut zu naturbelassenen Gärten passt. Wenn der Stein glatt gesägt und die Oberfläche matt poliert wird, wirkt er disziplinierter. Das sieht bei größeren Flächen gut aus und passt zu modernen Gestaltungen.

Wegen seiner Härte und Beständigkeit ist Granit als Pflastermaterial eine gute Wahl. Große Platten sind teuer und extrem schwer, daher empfiehlt sich die Verwendung kleiner, eckiger Quader, mit denen man bequem Kurven und Einlegemuster pflastern kann. Das vergleichbar geringe Gewicht der einzelnen Quader erleichtert das Verlegen. Dank ihrer gehämmerten, rutschfesten Oberfläche eignen sich Granitquader gut für leichte Gefälle und Stufen. Im Inneren wirkt Granit schnell streng und abweisend. Damit die Quader sich im Garten integrieren, kann man die Zwischenräume mit einer Sand-Erdmischung füllen und Gras einsäen, statt sie mit Zement zu verfugen.

Terrazzo ist ein sehr anspruchsvoller Bodenbelag. Terrazzo ist, anders als alle anderen für Bodenbeläge verwendeten Steine, ein von Menschen hergestelltes Produkt. Bei der Herstellung werden Marmorsplitter in Zement gebettet und glatt poliert. Senkrechte Oberflächen wie Wände und Setzstufen bedeckt man mit Terrazzo-Verblendungen, die in der Regel dünner

als Platten sind. Sie eignen sich auch für Mauerabdeckungen und für die Verkleidung von Wasserbecken. Sie haben keine bauliche Funktion, sondern sollen nur den Eindruck von Stein hervorrufen.

Granit ist ein geschätztes und teures Material, das häufig für dekorative Verkleidungen benutzt wird. Normalerweise wird die Oberfläche auf Hochglanz poliert und zeigt so ihre lebhafte Struktur. Dadurch bekommt Granit aber oft etwas Monumentales. In Haus und Garten sollte man Granit daher lieber für Details und Effekte einsetzen.

Auch polierter Schiefer kann glänzend und hart wirken, er ist aber preiswerter und hat einen feineren Farbton. Glatt gesägte Verblendungen haben eine dezente, matte Oberfläche. Das gibt ihnen ein kühles, modernes Aussehen, das gut zu städtischen Innenhöfen und Terrassen passt. Schiefer gibt es in Schattierungen wie Moosgrün, gedecktem Mauve und verschiedenen Grautönen, die einen scharfen Kontrast zu den hellen, heiteren Farben von Sandstein und Kalkstein bilden.

Die meist glänzend polierte Oberfläche von Marmor verführt zu der Annahme, er sei widerstandfähig. Dabei ist genau das Gegenteil der Fall, denn er besteht aus kristallinem, metamorphen Kalkstein und ist im Freien sehr empfindlich. Regen, Sonne und Frost lassen ihn rasch verwittern, bei Kontakt mit Säuren und Rost wird er fleckig. Deshalb eignet er sich am besten für geschützte Stellen auf der Terrasse, und natürlich für Gegenden mit gemäßigtem Klima. Wegen seiner Brüchigkeit verwendet man Marmor am besten nur für kleine Details wie kontrastierende Wegränder, die Einfassung formaler Brunnen oder als Wandverzierung. Der Handel bietet spezielle Stücke in verschiedenen Größen für neutralfarbene Mosaike an, die als Einlegearbeit in einem Boden aus hellem Kalkstein oder als Kontrast zu dunklem Schieferpflaster sehr schön aussehen.

Links: Der formale Stil dieser Terrasse mit niedrigen Sockeln und eingrenzenden Mauern entsteht durch den Kontrast heller Kalksteinverblendungen mit dunklen Buchshecken und cremefarbenen Rosen.

Rechts: Dieses formale Becken wurde bewusst flach gehalten, um die rechteckigen Platten aus gesägtem Schiefer zu zeigen, aus denen Auskleidung und Einfassung bestehen. Die Bepflanzung, umrahmt von einer Trennwand aus demselben Material, bildet einen schönen Hintergrund für die klaren, architektonischen Linien dieser Gestaltung.

Konstruktion

Gartengestaltung mit Stein ist so etwas wie das Skelett eines Gartens. Dieses Skelett legt die Linien einer formalen, die Bepflanzung unterstützenden Komposition fest. Dreidimensionalität und architektonische Elemente erzeugen Blickpunkte und Kontraste.

Massive Steinbauten sind teuer, aber sie verleihen dem Garten eine wundervolle Atmosphäre von Festigkeit und Gegenwart. Besonders schön wirken kühn geschwungene, weitläufige Terrassen, theatralische Mauern oder Trennwände und fließende Abfolgen von Stufen.

Die strukturellen Eigenschaften von Naturstein kommen am besten in Kombinationen mit roh behauenen Blöcken zur Geltung, etwa wenn eine dekorative Mauer wie die gegenüber gezeigte Trennwand errichtet wird. Die unterschiedlich großen Blöcke aus warmtonigem Sandstein fügen sich ohne Mörtel oder Zement wie die Teile eines Puzzles ineinander und ergeben eine sehr moderne Trockenmauer-Version. Rustikaler wirken grob behauene Platten, etwa für begrenzende Mauern von Rabatten oder für Becken und Brunnen.

Die geglättete Oberfläche von Steinverblendungen wirkt sehr viel kühler als Steinblöcke oder Platten. Das passt zu Konstruktionen moderner Gartengestaltungen. Verblendungen sind eine preiswertere Möglichkeit der Steinverwendung, wobei aber die Kosten für die Errichtung des Baukerns, der aus Betonblöcken oder gegossenem Beton bestehen kann, mit bedacht werden müssen. Steinverblendungen wirken nur dann, wenn detailliert und sorgfältig gearbeitet wurde. Architektonische Konstruktionen im Gartenbau sind teuer und werden am besten von professionellen Steinmetzen ausgeführt.

Oben: Die breiten, flachen Sandsteinstufen bestimmen Modus und Maßstab dieser formalen Terrasse. Die großen Pflasterelemente verstärken diesen Eindruck.

Rechts: Formal verlaufende, gut proportionierte Steinstufen geben diesem großen Garten Erhabenheit und Dynamik.

Gegenüber: Feine Materialien und sorgfältig durchdachte Details zeichnen diese elegante Trennwand aus. Die hellen, warmen Farben der senkrechten, geschliffenen Sandsteinsäulen, die durch glatt gesägte Platten verbunden werden, kontrastieren angenehm mit der Bepflanzung aus frisch grünen Gräsern und dunkelvioletten Iris.

Terrassen und Stufen lassen den Garten größer erscheinen, geben ihm Raumtiefe und sind besonders wirkungsvoll in städtischen Innenhöfen. Der Maßstab spielt beim Gestalten eines Gartens eine wichtige Rolle, und Stufen sind dabei wohl die größte Herausforderung. Sogar auf kleinem Raum können sie Gärten stilvoll und grenzenlos erscheinen lassen. Sie sollten so großzügig und breit wie möglich sein, den umgebenden Elementen entsprechen, einladend wirken und ein sicheres Begehen erlauben. Es ist schwierig, sehr steile, schmale Stufen emporzusteigen, der Abstieg könnte gar zur Schwindel erregenden Prüfung werden.

Befolgen Sie am besten diese Grundregel: je größer der Höhenunterschied zwischen dem oberen und unteren Niveau ist, desto länger und flacher sollte der Verlauf der Stufen sein. Berechnen Sie einen ebenen

Oben: Gesägte, dunkle Schieferplatten wurden auf unterschiedliche Niveaus gesetzt, um dieses formale Becken zu schaffen, über das seichtes Wasser fließt. Die glatte, polierte Oberfläche verstärkt die Lichtreflexion. Durch die Nässe verdunkelt sich die Steinfarbe attraktiv.

Abstieg, indem Sie die Stufen so planen, dass jede Lauffläche bequem mit einem Schritt erreichbar ist. Denken Sie an einen großzügigen Absatz am oberen und unteren Ende. Gibt es im Garten verschiedene Niveaus, müssen eventuell Stützmauern die Erde in den entstehenden Terrassen festhalten. Wegen des Gewichts und der Instabilität des Bodens müssen diese Mauern stabil auf einem guten Fundament errichtet und Vorrichtungen für den freien Abfluss von Regenwasser eingeplant werden.

Stützmauern sollten in die Gestaltung des Gartens integriert werden und können multifunktional sein: ausreichend hoch gebaut dienen sie als Bänke für zwangloses Sitzen oder werden gar zum Freizeitbereich, wie die ungewöhnliche Bar auf dem Bild unten zeigt. Sie erweitert die Nutzung des Innenhofes, ohne den Maßstab infrage zu stellen.

Steinerne Wassermotive wie Becken und Brunnen bereichern den Garten um Klänge, Bewegung, Licht und Energie. Markanter, scharf geschnittener Schiefer bietet sich für schlichte, moderne Strukturen an. Das Wasser kann über die ebene, bearbeitete Oberfläche plätschern. Genauso, wie Schiefer sich gut mit Wasser kombinieren lässt, passen seine neutralen Töne zu dezenten Pflasterflächen, Stufen und Abdeckungen.

Dank seiner beständigen Eigenschaften und seines robusten Charakters ist Granit eine hervorragende Wahl für Stufen und Stützmauern, obwohl sein hoher Preis einen großflächigen Einsatz fast unerschwinglich teuer macht. Für wirklich dramatische Effekte macht seine unverwechselbare Farbe und Struktur eine markante Aussage. Als theatralische Bank kann Granit einen frappierend modernen Akzent setzen, der sowohl dekorativ wie auch funktional ist.

Unten: Niveauunterschiede im Gelände wirken optisch interessant und gliedern die Nutzfläche eines Gartens. Hier stützt eine niedrige, mit aufrechten Steinplatten verblendete Mauer die höher gelegene Bepflanzung. Eine hinzugefügte, geschwungene Bar aus massivem Stein schafft eine innovative Freizeitfläche, die mit passenden quadratischen Platten gepflastert wurde.

Plastische Wirkung

Die Struktureigenschaften von Stein kann man vielfältig nutzen. Man kann ihn in massive Blöcke schlagen oder in spitze Nägel aufsplittern, in weich gerundete, abstrakte Formen meißeln oder zu Kugeln und Obelisken schleifen.

Oben: Eine gekurvte Ausbuchtung verwandelt einen einfachen Kalksteinblock in eine ungewöhnliche Sitzskulptur.

Rechts: Eine rotierende Sandsteinkugel bildet den markanten Mittelpunkt dieses formalen Beckens.

Gegenüber: Schlanke Steinsäulen stellen in diesem Garten einen frappierenden senkrechten Akzent dar und kontrastieren gut mit den massiven Felsbrocken darunter.

Kalkstein und Sandstein, beide von weicher Struktur und leicht zu bearbeiten, werden gern zu dekorativen Zwecken verwendet. Figurative und abstrakte plastische Formen bilden Akzente und sinnliche Kontraste zu den Pflanzen im Garten. Geometrische Kalkstein- und Sandsteinformen wie Obelisken oder Pyramiden spielen eine mehr architektonische Rolle, wenn sie, formal platziert, einen Durchblick definieren oder eine Sichtachse betonen.

Kugeln unterschiedlicher Größe können wirkungsvoll mit Zen-Akzent arrangiert werden. Markante Brocken behauenen Schiefers und Granits haben eine wuchtige Ausstrahlung, die in fernöstlichen Gärten dynamisch wirkt und Erdkräfte suggeriert. Die Wirkung ist dann am besten, wenn eine ungerade Anzahl von Steinen gruppiert wird und verschieden große Stücke sich in Balance halten. Auf einem geharkten Kiesbett kann der Gesamteindruck kühl und ernst sein, durch Beifügen von Rasen- oder Moossoden und kleinen Koniferenarten aber abgemildert werden.

Granit wird gern für einzeln stehende Wasserelemente verwendet, die man auch fertig kaufen kann. Das Wasser wird durch in verschieden geformte Kugeln und „Mühlsteine" gebohrte Löcher empor gedrückt und erzeugt einen plätscherndes Geräusch. Eine natürliche Wirkung erzielt man bei diesen kleinen Brunnen durch eine Pumpe und ein Reservoir.

Schiefer bricht von Natur aus in schroffe, sehr ausdrucksstarke Formen. Er setzt herausragende dynamische Akzente. Am häufigsten wird er mit Wasser kombiniert, um natürliche Kaskaden zu schaffen. Damit dies überzeugend aussieht, müssen sie sorgfältig in die Landschaft einbezogen, an einem natürlichen Gefälle platziert und mit einem leistungsfähigen Pumpsystem zum Hochdrücken des Wassers ausgerüstet werden. Denken Sie daran, dass große Steinbrocken extrem schwer sind und fachmännisch bewegt werden müssen.

Feinmaterial

Kleine Partikel jeder Art von Stein bezeichnet man als Feinmaterial. Dieses kann aus scharfen Splittern bestehen, aus natürlich verwitterten Steinen oder aus solchen mit künstlich geglätteter Oberfläche.

Rechts: Dieser informelle, geschwungene Pfad zeigt, wie locker ausgelegter Schiefersplitter dazu verwendet werden kann, ungünstige oder ungewöhnliche Formen zu füllen. Der sich schlängelnde Hügel frischgrüner Pflanzen hebt sich gut davon ab.

Unten: Kiesel in allen Größen bilden eine hervorragende Bodenabdeckung neben strandähnlichen Wassermotiven.

Feinmaterial ist preiswert und lässt sich leicht handhaben, deshalb wird es oft für die Abdeckung großer Flächen wie Auffahrten und Parkplätze benutzt. Sehr praktisch ist es in kleinen Innenhöfen, wo das Pflastern schwierig wäre. In Landhausgärten kann man damit gut Wege anlegen. Vor allem Splitt und Flusskiesel sind preiswerte Lösungen für große Flächen. Obwohl der gelbbraune Farbton von Splitt nicht leicht in einen Gartenentwurf einzubeziehen ist, sind sein niedriger Preis und die Verfügbarkeit gute Argumente.

Vom Meer glatt geschliffene Kiesel sind attraktiver. Ihr Farbspektrum reicht von zartem Rosa über Grautöne bis hin zu Mauve. Fast überall wirken sie ganz natürlich, für japanische oder vom Meer inspirierte Gärten sind sie unverzichtbar. Eine Körnung von maximal 10 bis 15 mm ist das Maximum, das noch ein bequemes Gehen zulässt, größere Kiesel und Brocken ergeben eigenständige, hinreißende Landschaftsbilder.

Alle losen Materialien sind beweglich, was das Laufen auf ihnen beschwerlich macht, und sie müssen regelmäßig gerecht werden, damit die Oberfläche glatt bleibt. Sie sind außerdem ein Nährboden für Unkraut, weshalb man besser eine Lage gut verdichteten Splitt oder Feinkies unterlegt, bevor man eine dicke Schicht Feinmaterial auffüllt. Damit die Materialien gut binden, muss anschließend gründlich gewässert werden. Alternativ kann eine Schlitzfolie unterlegt werden, um das Unkraut zu unterdrücken, doch auf der glatten Oberfläche der Folie rutschen die losen Steine leicht herum und machen das Begehen unsicher. In einem trockenen Kiesgarten ist eine Folie, in die zum Pflanzen Löcher geschnitten werden, aber unverzichtbar.

In einem Innenhof kann ein Beet mit kontrastierend gefärbten Splittern in geometrischen Mustern ein interessanter Blickfang sein. Ein solches Beet ist nicht begehbar und eine moderne Entsprechung der formalen Beete.

Granit, Kalkstein und Schiefer gibt es in cremefarbenen, grauen, violetten und grünen Tönen, weißer und schwarzer Marmor eignent sich für stark stilisierte Effekte. Polierte Flusskiesel bieten sich für ein Mosaik als Mittelstück in einer gepflasterten Fläche an oder für eine fließende Bewegung auf einem Pfad. Für erlesene Gestaltungen wählt man neutrale Farben wie Schwarz, Weiß oder Grau. Sie bilden ein dauerhaftes Element und vertragen es, wenn man darauf läuft, deshalb sollte man sie in einem feuchten Betonbett verlegen.

Schieferschotter, ein Nebenprodukt beim Brechen der Steine, eignet sich gut für die Bedeckung von Pfaden und ergibt ein dekoratives Mulchmaterial für Beete und Kübel. Seine Farbe passt gut zu den meisten Pflanzen. Wegen seiner geringen Oberflächenenergie eignet er sich ideal für Gärten im japanischen Stil, wo er mit dynamisch-asymmetrischen Gruppen größerer behauener Steinbrocken akzentuiert werden kann. Ein „trockenes Bachbett" in Form eines mäandernden Bandes aus Schieferschuppen, die wie natürlich fließendes Wasser angeordnet werden, ist eine elegante Alternative für ein echtes Fließgewässer. Am besten eignet sich eine Hanglage, wobei in Abständen gesetzte Gruppen größerer Steine die Illusion noch verstärken. Besonders schön wirken diese „Bäche" nach einem Regen, wenn der nasse Schiefer von einem herrlichen Glanz belebt wird.

Oben: Feiner Kies oder Splitt ist eine preiswerte und neutrale Bodenabdeckung für größere Flächen. Hier spielt er die Rolle des „weißen Raumes", von dem sich das formale Pflanzarrangement abhebt.

Kapitel zwei

Holz

Holz und Bauten im Garten sind natürliche Verwandte, da Holzkonstruktionen eine ureigene Affinität zu Pflanzen haben. Holz ist ein warmes, lebendiges Material, das sowohl dem Tastsinn als auch den Augen schmeichelt und in vielen natürlichen Farben, Schattierungen und Strukturen vorkommt. Es ist leicht zu bearbeiten und eignet sich für markante, kräftige Bauwerke wie etwa Pergolen genauso wie für fein gearbeitete Stücke, etwa Möbel und Spaliere.

Links: Die Seerosenblättern gleichenden, schwimmenden Holzplattformen auf diesem eleganten Teich verwischen die Grenze zwischen trockenen und nassen Elementen.

Holz Einführung

Holz wird in zwei Hauptgruppen unterteilt. Langsam wachsende Harthölzer stammen von Laub abwerfenden Arten wie Eiche und Kastanie oder von exotischen wie Teak und Iroko. Die Schönheit und Vielfalt ihrer Maserung und Farbe ist unübertrefflich und macht sie bei unbegrenztem Budget zur ersten Wahl. Recycelte Hölzer sind etwas preiswerter und werden immer häufiger angeboten. Harthölzer brauchen fast keine Pflege, keine Oberflächenbehandlung und keinen Witterungsschutz. Sie haben eine feste Struktur und sind unglaublich fest. Deshalb eignen sie sich für alle Bauten im Garten – für Pergolen, Decks, Möbel und Pflanzkübel.

Weichhölzer stammen von rasch wachsenden Koniferen wie Kiefern und Zedern. Sie sind preiswert und werden häufig für Schuppen, Zäune, Spaliere und einfache Decks verwendet. Damit die porösen Hölzer sich nicht verziehen, müssen sie als „freilandtauglich" gekennzeichnet sein und mit einer entsprechenden Imprägnierung vor dem Verrotten geschützt werden. Gehobeltes oder geschmirgeltes Holz kann kesseldruckimprägniert sein, dann hat es einen grünlichen Schimmer. Alle später erzeugten Schnittflächen müssen mit einem Imprägniermittel bestrichen werden, damit kein Wasser eindringt. Weichhölzer sind nicht besonders attraktiv, aber getönte Imprägnierungen können die Maserung hervorheben und Strukturen so in ein bestehendes Farbschema integrieren.

Große Flächen wie Zäune oder Decks sehen mit einer leichten Beize schön aus. Wetterfeste, matt deckende Farben verwandeln Gartenschuppen oder Bänke überall da, wo sie kräftige Farben bevorzugen. Konventionelle, glänzende Ölfarben eignen sich vor allem für feinere Möbelstücke. Für alle Konstruktionen draußen gilt, dass robuste Bauweise und Materialien Priorität haben. Stützpfosten für Lauben, Bögen, Zäune und Decks müssen in saubere Zementfundamente gesetzt werden, die in einer Kiesdränage stehen. Holz sollte niemals in direktem Kontakt mir feuchter Erde stehen.

Gegenüber: Die feinen, waagerechten Leisten dieser einfachen Holzskulptur kontrastieren gut mit den markanten, senkrechten Zaunpfosten dahinter.

Rechts: Die teuren, aber schönen Planken aus stark gemasertem, exotischem Hartholz bilden mit ihren konzentrischen Kreisen ein dynamisches Deck.

Ganz rechts: Die interessante Maserung macht Hartholz zu einem sehr attraktiven Material für Böden, wie man an diesen Klötzen gut sehen kann.

Rechts: Die verwitterte und weichere Maserung wieder verwendeten Holzes stellt einen erfrischenden Kontrast zu neuem Holz dar.

Ganz rechts: Gleichmäßig verlegte, akkurat zugeschnittene Bretter mit versenkten Schrauben wirken neben der ebenen Schieferpflasterung klar und frisch.

Rechts: Dieser rustikale Zaun aus gespaltenen und geschälten Kastanienlatten, die von gedrehtem Draht gehalten werden, umgibt einen informellen Garten.

Ganz rechts: Leuchtend bunte Farben werten die roh gehobelten Bretter dieser abgeschirmten Sitznische auf.

Ganz links: Diese gestapelten, rustikalen Äste ergeben eine natürliche Trennwand.

Links: Ein Überzug aus dunklem Firnis schützt das Holz und bringt die Maserung des rau gesägten Weichholzes hervor.

Ganz links: Der überdachte Freisitz aus gehobeltem Mammutbaumholz akzentuiert diesen Ruhepunkt im Garten.

Links: Schwere Blöcke aus gehobeltem Hartholz eignen sich hervorragend für Stützmauern und erhöhte Beete.

Ganz links: Das sorgfältig geschnittene und verschraubte Schiffs-Sperrholz, dessen warme Farbe durch einen Firnis noch betont wird, sorgt für klare, moderne Linien.

Links: Dieser markante Zaun im japanischen Stil besteht aus gespaltenen Bambusstäben.

Decks und Planken

Moden und Trends gelten inzwischen für die Gartenszene genauso wie für den Laufsteg. Manchmal scheint es fast, als sei der Planet mit einer Schicht aus Planken bedeckt, aber Decks und Planken sind wirklich eine ideale Lösung für viele Gärten.

Decks und Planken sind beliebt, weil sie vielseitig einsetzbar und einfach zu bauen sind. Dennoch sollte man sie nur dort einsetzen, wo sie ästhetisch auch hinpassen. Überall, wo Gewicht eine Rolle spielt, ist ein Deck eine leichtgewichtige Oberfläche. Ein Deck eignet sich ideal für einen erhöhten Sitz- oder Essplatz. Mit einem überkragenden, von Pfosten gestützten Deck und einem Geländer kann man eine Sonnenterrasse schaffen, von der Stufen in einen tieferen Gartenteil führen. Im Erdgeschoss schützt das entstandene „Dach" einen Kinderspielplatz oder einen Verschlag für Gartengeräte.

Die Gestaltung einer Hanglage ist immer eine Herausforderung. Bei verschiedenen Ebenen sind Planken eine preiswertere Lösung für Stützmauern, Pflaster und Stufen. Wände aus Bohlen erzeugen eine natürliche Atmosphäre und passen besonders gut zu Wasser und Wildpflanzenarrangements. Flache Holzstufen verbinden die verschiedenen Ebenen und schaffen eine Abfolge leicht zugänglicher, terrassierter Pflanzbeete, die von Stützmauern aus Bohlen oder Eichenschwellen gehalten werden. Gesteigert wird die Wirkung noch durch wogende Gräser, die das Gefühl von Raum und Bewegung verstärken.

Wird Weichholz benutzt, sollte es von bester Qualität sein. Vergleichen Sie Querschnitte verschiedener Muster und wählen Sie eines mit feiner, dichter Maserung – diese verweist auf langsam gewachsene Bäume aus gut gepflegten Kulturen.

Die größte Schwachstelle von Decks und Planken ist ihre Anfälligkeit für Algen, sie werden dadurch leicht glitschig. Abhilfe schaffen regelmäßiges Abbürsten mit einem harten Schrubber oder das Säubern mit einem Hochdruckreiniger. Zusätzlich kann man die Oberfläche mit feinem Maschendraht bespannen. Gefräste Nutbretter sind nicht wirklich griffiger und sehen meist weniger schön aus als Planken mit glatter Oberfläche.

Oben: Ein Plankensteg führt zu diesem markanten Ponton, der in einem naturnahen Teich liegt.

Rechts: Bei diesem Plankensteg bildet die erhöhte Kante einen raffinierten Abschluss.

Gegenüber: Decks sind eine ideale Lösung, wenn Niveauunterschiede auf kleinstem Raum überbrückt werden müssen.

Abgrenzungen und Trennwände

Zäune und Trennwände definieren einen Garten. Wenn sie aus Holz bestehen, bilden sie einen Hintergrund wie Kulissen auf der Bühne. Stil, Farbe und Struktur sind variabel, sollten aber eher zurückhaltend sein.

Unten: Dieses ungewöhnliche, halb durchlässige Jalousien-Arrangement sorgt für Privatsphäre und bildet einen guten Hintergrund für die Pflanzen. Das Tageslicht fällt durch die schräg gestellten Lamellen.

Einfriedungen können nötig sein, um sich von den Nachbarn abzuschirmen, unerwünschte Ausblicke zu verdecken oder, im Fall einer Dachterrasse, um vor kalten Winden und praller Sonne zu schützen. Die preiswerteste Lösung sind Gartenzäune aus Holzbrettern. Praktisch sind die meisten Grundkonstruktionen, die aus sich überlappenden, rau gesägten Weichholzbrettern bestehen. Ein Anstrich oder das Beizen in einer dunklen, gedeckten Farbe wie Grau oder Moosgrün – beide Farben bieten einen guten Hintergrund für Pflanzen – werten ihre rustikale Erscheinung und die oft unschöne Farbe deutlich auf.

Anspruchsvollere, strapazierfähigere Alternativen kann man über Spezialhändler beziehen. Diese bieten bessere Holzqualitäten und Designs; die Oberflächen sind geschmirgelt und kesseldruckimprägniert. Zu den verschiedenen Stilvarianten gehören unterschiedliche Lattenbreiten, Profile und Pfostenabschlüsse. Durch spezielle Elemente wie Schlüssellochfenster und Spalierabschnitte eignen sie sich auch für Teilabschirmungen und als Gartenteiler.

Zusammengesetzte Holzmaterialien kommen bei spontanen Gartenumgestaltungen und Spaßeffekten zum Einsatz. Schiffs-Sperrholz ist ein vielseitiges Material für ungewöhnliche Gestaltungen. Man kann sogar Spanplatten verwenden, vorausgesetzt, sie sind ausreichend mit entsprechendem Firnis oder mit Ölfarbe für den Außenbereich versiegelt.

Schwere, quadratisch zugesägte Holzpfähle können eine spektakuläre, plastische Trennwand bilden, um einzelne Bereiche im Garten abzugrenzen, einen Pfad zu betonen oder einen Niveauwechsel anzuzeigen. Eine rustikalere Wirkung haben Baumstämme, die das ganze Jahr über ständig wechselnde Schatten auf den Garten werfen.

Gegenüber: Diese elegante Trennwand wurde aus behandeltem, freilandtauglichem Weichholz gebaut.

Oben: Die zu der dynamischen Mondfenster-Wand führenden Stufen sind eine verlockende Einladung. Bootslack (eine ungewöhnliche, aber preiswerte Wahl für den Garten) bringt die Struktur gut heraus.

Links: Diese aufregend gestrichene Wand besteht aus Schiffs-Sperrholz mit eingelegten Rippen und Jalousien.

Spaliere

Gitterförmige Spaliere sehen schön aus und sind funktional. Als durchbrochene Trennwände und dekorative Oberflächen bilden sie Mauern und Zäune. Man kann sie auch als Stütze für Kletterpflanzen nutzen.

Links: Dieser Weidenobelisk kann als architektonisches Element für sich genutzt oder in einen Topf gestellt werden, damit eine Kletterpflanze an ihm empor rankt.

Ein Spalier wertet jede hässliche Wand und jeden Zaun sofort auf, es erhöht Abgrenzungen, ohne den Blick zu versperren, verdeckt einen Arbeitsplatz oder unterteilt verschiedene Gartenbereiche. Spaliere bestehen aus schmalen, in quadratischen oder diagonalen Mustern angeordneten Holzlatten. Es gibt sie überall und in vielen Größen. Sie sind für jede neue oder bestehende Anlage ein nützliches Element und für Kletterpflanzen eine hervorragende Stütze. Setzt man sie vor Wände, sollten die Spaliere für eine bessere Luftzirkulation auf Latten aufsetzen. Kräftige Scharniere am unteren Spalierrand ermöglichen ein Umlegen von Spalier und Kletterpflanze, wenn die Wand dahinter gestrichen werden soll.

Mit Gitterwerk ausgefüllte Obelisken und Säulen bilden schöne architektonische Objekte mit plastischer Wirkung. Sie können in einer Anlage einzeln als senkrechter Akzent und Blickfang oder in Intervallen entlang einer Trennwand stehen, um zusätzlich für Höhe und Tiefe zu sorgen.

Gitterspaliere von der Stange mit integrierten trompe-l'oeil-Effekten sind besonders in umbauten Innenhöfen nützlich, weil sie ein Gefühl von Raum und Richtung vermitteln. Kombiniert man sie mit einem Spiegel, der Licht und andere Gartenbereiche reflektiert, erzeugen sie eine faszinierende Illusion weiterer „Zimmer" jenseits des echten Gartens.

Eine besonders subtile Wirkung erzielt man, wenn man eine auf den eigenen Garten zugeschnittene Sonderanfertigung bei Spalierherstellern in Auftrag gibt. Obwohl das zunächst teuer ist, kann sich die Ausgabe als eine hervorragende Investition erweisen. So sind etwa offene Dachterrassen oder kleine Innenhöfe auf eine vollständige Hintergrundgestaltung angewiesen. Am preiswertesten ist es natürlich, wenn Sie über das nötige handwerkliche Geschick verfügen und einen eigenen Entwurf verwirklichen.

Gegenüber: Dieser innerstädtische Hofgarten profitiert von dem maßgeschneiderten Spalier aus Holzlatten. Es lässt Licht in den Innenhof, sorgt aber für eine gewisse Privatsphäre der Gartenbesitzer.

Pergolen und Lauben

Eine hölzerne Pergola sorgt dafür, dass man im Freien eine „Decke" über dem Kopf hat, eine Laube dagegen bildet eine abgeschlossene, romantische Nische. Beide bereichern das Gartenambiente und steigern die Freude am Garten.

Holz ist immer einfach zu beschaffen und sehr leicht zu bearbeiten, deswegen ist es im Garten ein hervorragendes Baumaterial. Durch seinen organischen Ursprung eignet es sich besonders gut, wenn der Hauptzweck das Stützen von Kletterpflanzen ist.

Eine von kräftigen Holzpfosten getragene Pergola aus Holzleisten kann leicht über einer bestehenden Terrasse errichtet werden und schafft einen stimmungsvollen Ess- oder Sitzplatz, der beschattet und vor den Blicken aus darüber liegenden Fenstern abgeschirmt ist. Das Einflechten lichtdurchlässigen Gewebes zwischen die Holzleisten verstärkt die Privatsphäre noch. Im Holz können Halterungen für am Abend genutzte, herabhängende Leuchten befestigt werden. Konventioneller ist die Begrünung der Pergola mit blühenden und fruchtenden Ranken, die im Sommer Schatten, Farbe und Duft spenden. Eine Pergola ist ein probates Mittel, verschiedene Gartenbereiche miteinander zu verbinden. Wird sie zusammen mit einer Trennwand eingesetzt, entsteht der Eindruck einer Einfriedung, innerhalb derer eine andere Atmosphäre herrscht als außerhalb der Konstruktion.

In großen Gärten können frei stehende Lauben einen spektakulären Akzent setzen. Mit Rosen oder anderen duftenden Kletterpflanzen umrankt ist eine große Laube der perfekte, romantische Essplatz für Sommertage. Im kleineren Maßstab eignet sich eine Sitzlaube auch für einen Innenhof. Wird eine Sitzbank seitlich und oben von Gitterspalieren eingefasst, dient sie gleichzeitig als gute Pflanzenstütze.

Links: Diese breite, berankte Pergola sorgt in einem Dachgarten mitten in der Stadt für willkommenen Schatten und Abgeschiedenheit.

Gegenüber: Diese Pergola aus Rot-Zeder verbindet den Pfad mit der Sitzplattform. Edelstahlleisten stützen ein Glasdach.

Möbel und Pflanzgefäße

Hartholzmöbel im Außenbereich sehen immer bequem aus und sind dank ihrer Beständigkeit längerfristig eine vernünftige Wahl. Minimalistische, moderne Entwürfe haben Holzmöbel direkt ins 21. Jahrhundert katapultiert.

Rechts: Klobige Abschnitte gehobelten Hartholzes wirken beim Bau von erhöhten Beeten besonders edel.

Unten: Dieser ungewöhnliche, spektakuläre Esstisch besteht aus massiven, gehobelten Holzbohlen.

Qualitativ gute Hartholzmöbel setzen zwar ein gewisses Budget voraus, aber sie halten auch ein Leben lang und sehen jedes Jahr besser aus. Konventionelle, wuchtige Möbel, die am besten in große Gärten passen, waren lange Zeit das einzige, was man bekommen konnte. Heutzutage aber findet man auch für die kleinste Terrasse geeignete, schlankere, moderne Entwürfe, oft mit einfallsreichen Klappmechanismen zum bequemen Verstauen.

Eiche und tropische Hölzer wie Teak und Iroko brauchen keine spezielle Pflege, ihre Farbe verwittert natürlich zu einem silbrigen Grauton. Wo dies nicht erwünscht ist, erhält und verstärkt eine jährliche Behandlung mit Holzöl oder einer speziellen Imprägnierung den originalen Holzton.

Tische und Stühle aus Weichholz erscheinen als preiswerte Alternative. Bezieht man aber die instabilen Eigenschaften des Holzes und die Tatsache in die Überlegungen mit ein, dass sie jedes Jahr neu gestrichen werden müssen, um intakt und attraktiv zu bleiben, sind sie vielleicht doch kein so guter Kauf.

Wenn man auf Qualität und Design Wert legt, können gute Gartenmöbel schnell teuer werden. Dennoch sollte man nicht darauf verfallen, Wohnzimmermöbel mit „Gartenlook" draußen zu verwenden. Weder das Holz noch die Verarbeitung halten der Witterung stand.

Für Formschnittgehölze in traditionellen Anlagen sind die klassischen, quadratischen Holzkübel oder *Caisses de Versailles* ideal geeignet – benannt wurden sie nach den berühmten, zerlegbaren Orangenbaumkästen des Palastgartens vor den Toren von Paris. Es gibt sie heute in modernen Formen, sie sind höher und schlanker, mit sich verjüngenden Profil und daher gut für moderne Gärten geeignet. Exemplare aus Hartholz können extrem teuer sein, Weichholzkästen müssen vor dem Bepflanzen imprägniert, gestrichen und mit Zink oder Kunstharzmatten ausgekleidet werden.

Rechts: Die sanften Rundungen dieser modernen Teakmöbel wirken fließend leicht – Welten entfernt von den massigen, traditionellen Hartholzmodellen.

Unten links: Diese bequemen Deckchairs gleichen eher einem plastischen Akzent als etwas, worauf man sitzen kann.

Unten rechts: Massive Eichenholzquader bilden ein reizvolles Sitzelement.

Dachterrassen

Holz wirkt beim Bau und bei der Ausstattung von Dachterrassen großartig. Konventionelle und moderne Entwürfe lassen sich mit Hart- und Weichhölzern umsetzen. So schafft man wunderbare und für viele Zwecke geeignete Räume auf dem Dach.

Oben: Massive, hölzerne Trennwände mit eingefügten Gitterspalieren trennen eine Dusche für heiße Tage von dem Sitzplatz daneben ab.

Alle Dachterrassen brauchen Schutz vor Wind und Sonne, denn von beiden bekommen sie mehr als genug ab. Holzlamellen sind ideal für Schutzwände, da sie wenig wiegen und vielseitig verwendbar sind. Eine Trennwand, die vor Wind schützen soll, darf niemals massiv sein, da die Luft sonst nach oben über die Barriere gedrückt wird und so einen unangenehmen, kalten Abwärtswirbel erzeugt. Sie sollte den Wind filtern und sanft passieren lassen. Dies dient dem Schutz der Pflanzen und Ihrem eigenen Wohlbefinden, denn auf Dachterrassen weht der Wind stets viel kräftiger als am Erdboden. Außerdem sollten Sie an die Aussicht denken, die der Windschutz nicht völlig verstellen sollte.

Eine elegante und attraktive Lösung sind Konstruktionen aus senkrechten oder waagerechten Holzleisten mit kleinen Zwischenräumen. Die hier gezeigte Terrasse zeigt hölzerne Trennwände in einem sehr klaren, modernen Entwurf, der für Privatsphäre sorgt und die Aussicht nicht verstellt. Gleichzeitig wird unschöne Stadtarchitektur in benachbarten Vierteln verdeckt. Der großzügige Einsatz horizontaler Linien wirkt klar und offen und lässt den Raum größer erscheinen. Der Wind wird gefiltert, nachts werden interessante Lichteffekte erzielt. Tagsüber zeichnet das Spiel aus Licht und Schatten ständig wechselnde Muster auf die Wände und Boden.

Würde man breitere Leisten wählen und den Abstand der Schlitze verändern, änderten sich die Licht- und Schattenbalance; eine diagonale Anordnung der Leisten oder eine schachbrettartige Struktur der Leisten würden den gesamten Stil der Terrasse ändern. Durch die unruhigere Erscheinung würde der Raum kleiner wirken, was ihm eine intimere Wirkung verleihen würde.

Hölzerne Trennwände bieten einen guten Schutz für Pflanzen, die sonst den Unbilden des Wetters aus-

gesetzt wären. Sie ermöglichen dichte, stimmungsvolle Blätterwände, die ihrerseits ein eigenes Mikroklima schaffen. Dachterrassen sind besonders anfällig für Witterungseinflüsse. Neben Windböen setzen ihnen Frost, Regen, Hagel, Schnee und Sonne zu. Bei allen erhöhten Terrassen muss besonders auf eine solide Bauweise und Befestigung und den sachgerechten Einsatz des Materials geachtet werden. Wenn Holz für Geländer und Zäune verwendet wird, muss es sicher und stark genug sein, um Unfälle zu verhindern. Auch muss es regelmäßig untersucht und gut gepflegt werden, damit es nicht verrottet.

Unten: Die markante Verwendung von Holzlamellen schützt die Dachterrasse vor Sonne, Wind und neugierigen Blicken; nachts erzeugt eine Niedervolt-beleuchtung einen weich schimmernden Hintergrund.

Kapitel drei

Beton

Beton ist für viele Situationen eine attraktive und preiswerte Lösung, ist aber auch das am meisten missverstandene Material aller Zeiten. Beton hat einen schlechten Ruf – dank vieler hässlicher öffentlicher Projekte aus den 1960er und 1970er Jahren. Viele angesehene Architekten haben mit Beton jedoch elegante Gebäude und anspruchsvolle Ingenieursprojekte verwirklicht. Heute wird Beton auch in der Inneneinrichtung und im Gartenbau fantasievoll eingesetzt.

Links: Beton kann zu Blöcken geformt oder an Ort und Stelle gegossen werden. So kann man komplexe Formen errichten, etwa dieses schlichte und elegante, moderne Becken.

Beton Einführung

Obwohl Beton meistens mit Fußböden und Rohbauten assoziiert wird, ist er das ideale Material für den Bau von Mauern, frei stehenden Wänden, Becken und Wassermotiven. Er besitzt ein enormes plastisches Potenzial und kann in jede Form gebracht werden. Das ist besonders bei Rundungen wichtig, die nur sehr kostspielig aus Stein gemeißelt werden können. Themengärten verwenden schlängelnde Mauern, gekurvte Stufen, runde Becken, gewellte Wasserrutschen und gewundene Bänke, all das ist nur mit Beton realisierbar. Auch von der Stange gibt es jetzt aufregende Entwürfe, komplett mit Stuhl und Tisch, Brunnen, Schalen und Pflanztrögen.

Beton ist normalerweise grau, eine klarere Wirkung erzielt man durch die Verwendung von weißem Beton und hellen Zuschlagstoffen. Zum Färben der Mischung gibt es auch spezielle Pigmente, die dauerhaft farbige Oberflächen ermöglichen, deren Spektrum von einem eher südländischen Rosa bis zu den Blau- und Grüntönen eines kühleren, nördlichen Stil reicht. Diese in der Inneneinrichtung modernen, polierten und gewachsten Oberflächen können auch im Freien verwendet werden. Sie werten Böden, Wände, Mauern und Mobiliar glanzvoll auf.

Weil Beton formbar ist, wird er als „plastisches" Material bezeichnet. Er besteht aus einer Mischung von Portland-Zement und Zuschlagstoffen, normalerweise feinem Sand mit etwas gröberem Kies oder Stein. Wenn Wasser zugesetzt wird, erhärtet die Mischung. Entscheidend ist das Mischungsverhältnis, das je nach Verwendungszweck variiert. Informieren Sie sich also vor dem Bestellen der Materialien. Vor allem zu viel Wasser oder zu wenig Sand machen die Mischung weniger fest, zu viel Zement führt zu Schrumpfungen und Rissen.

Schwierige oder sehr detaillierte Entwürfe müssen von einem Spezialisten vorgegossen und dann mit Spezialgeräten transportiert und am endgültigen Standort abgesetzt werden. Die Einzelteile werden an Ort und Stelle zusammengesetzt und mit feuchter Zementmischung verbunden.

Gegenüber: Beton ist ein vielseitiges Baumaterial, das in jede Form gebracht werden kann. Die markante Wand als Hintergrund der Palme ergibt sehr spezielle Lichteffekte. Die Hauptmauer, die sich hinter der Bepflanzung wölbt, besteht aus glatt verputzten Betonblöcken.

Rechts: Beton kann zu Pflasterplatten gegossen werden, die natürlichen Materialien ähneln – in diesem Fall rauen Holzbohlen.

Ganz rechts: Für dieses kreisförmige Muster setzte man Kieselsteine in feuchten Beton.

Rechts: Rechteckige Betonblöcke wurden wie Schrittsteine in einen Kiesweg verlegt.

Ganz rechts: Polierte Betonoberflächen wirken modern und bieten Terrassenmöbeln einen sicheren Stand.

Rechts: Diese vorgefertigten Betonplatten wurden in natürlichen Steinformen gegossen. So ähneln sie York-Stein.

Ganz rechts: Ein farbenfroher Anstrich belebt diese verputzte Wand aus Betonblöcken.

Ganz links: Ein gepresstes Betonregal wurde in eine verputzte Quaderwand gesetzt.

Links: Diese billige und einfallsreiche Trennwand besteht aus im Rohzustand belassenen Hohlblocksteinen mit kontrastreich in die Zwischenräume gesetzten Ziegeln.

Ganz links: In dieser detailliert ausgearbeiteten Trennwand verbindet sich zart getönter Beton mit modellierten Glasflächen.

Links: Verputztes, angestrichenes Betonmauerwerk ist ein attraktives und preiswertes Baumaterial für Trennwände.

Ganz links: Qualitativ gute, glatte Betonpflasterplatten bilden einen schlichten, modernen Fußboden.

Links: Diese Trennwand besteht aus verputztem Betonmauerwerk; die Steinbank verleiht der Öffnung einen charakteristischen Anstrich.

Mauern und Trennwände

Die Einfachheit von Betonbauten ermöglicht es, klare Formen wie Trennwände, Mauern und Hintergründe gleich an Ort und Stelle zu errichten. Für eine Vielzahl von Spezialeffekten können Farbe, Struktur und besondere Oberflächen einbezogen werden.

Gegenüber: Dieses spektakuläre Lichtelement wurde an einer markanten, nackten Betontrennwand angebracht. Der polierte Boden besteht aus demselben Material.

Unten: Von Hand polierter Beton ergibt sowohl für Wände wie für Böden feine Oberflächen. Hier bildet ein Kieselmosaik einen dekorativen Blickfang.

Mauern und Trennwände dienen im Gartenbau zahlreichen Zwecken. Frei stehende Mauern können eine feste Grenze um das Grundstück bilden. Sie sorgen für Privatsphäre und Sicherheit und geben dem Gesamtkonzept einen Rückhalt. Stützmauern halten die Erde in erhöhten Beeten und Terrassenniveaus zurück. Trennmauern sind ein sehr nützliches Mittel zur Raumaufteilung und helfen in unterschiedlichen Höhen und Proportionen dabei, räumliche Tiefe und Weite vorzutäuschen. Sie können Eingänge verbergen oder betonen und mit Öffnungen versehen werden, durch die man in einen verborgenen Garten oder eine überraschende Inszenierung blickt. Trennwände dienen auch als Landschaftsgalerie für eingelegte „Bilder" aus Kachel-, Glas- oder Natursteinmosaiken.

Die glatte Oberfläche, die man bei Beton erzielen kann, bewährt sich bei modernen Gestaltungen. Seine Neutralität und Einfachheit sorgt beim Gartenbau für klare Hintergründe, den richtigen Maßstab und Präsenz. Man kann zahlreiche spektakuläre Effekte damit inszenieren, vor allem, indem man bestimmte Elemente anleuchtet. Herabstürzendes Wasser in all seiner Vitalität und Kraft kommt besonders nachts gut zur Geltung, wenn es angestrahlt wird. An einer nackten Wand zeichnen sich die Schatten und Silhouetten markanter Pflanzen ab, und plastische Formen gewinnen an Kontur.

Mauern aus Beton kann man auf zwei Arten errichten. Am wenigsten Geschick erfordert es, wenn man sie aus vorgefertigten Betonquadern baut, die in ein Fundament aus feuchtem Zement gesetzt und mit Mörtel verbunden werden. Mit dieser Methode kann man Stützmauern und frei stehende Trennmauern errichten. Anschließend wird Zementputz aufgebracht, den man für eine saubere Oberfläche glättet oder mit einer Bürste oder mit Nägeln aufraut, damit eine Struktur entsteht. Man kann dem Putz Farbe beimengen oder die fertig abgetrocknete Wand anstreichen.

Eine Betonwand kann auch an Ort und Stelle gegossen werden. In diesem Fall wird die feuchte Mischung fertig angeliefert und in eine Form oder eine Verschalung gepumpt. Man kann dekorative Effekte erzielen, wenn man für die Verschalung strukturierte Materialien wie roh gesägte Holzbretter verwendet, deren Maserung sich nach dem Entfernen der Verschalung auf der Oberfläche abzeichnet. Wo eine glatte Oberfläche erwünscht ist, greift man zu Sperrholz oder Metallblechen. Um die Oberflächenwirkung zu verändern, kann man der Mischung Farbstoffe oder dekorative Zuschlagstoffe beifügen. Damit vor Ort errichtete Betonmauern eine perfekte Oberfläche aufweisen, braucht man jedoch spezielle Kenntnisse.

Fußböden

Mit gegossenem Beton lassen sich rasch alle Arten von Fußböden wie etwa Wege, Terrassen und Stufen herstellen. Falls nötig, können Formen und Größen leicht an Ort und Stelle korrigiert werden, ohne dass eine teure Planung oder Vorbestellung von Materialien erforderlich ist.

Unten: Dieser sanft geschwungene Betonpfad „fließt" elegant im Kontrast zu den roh behauenen, niedrigen Steintrögen und der steinernen Trennmauer.

Böden sind mit Beton sehr einfach selbst zu machen. Nachdem man das Gelände mit einem Bett aus verdichteter Packware vorbereitet hat, braucht man nur einen einfachen Rahmen aus Sperrholz oder anderem Holz zu bauen und die feuchte Mischung hinein zu gießen. Ein kleiner Zementmischer, den man mieten oder leihen kann, spart Arbeitsstunden und gewährleistet, dass stets ausreichend Material vorhanden ist. Klopfen Sie mit einer Holzlatte eventuelle Luftblasen heraus und ziehen Sie die Oberfläche mit einem Brett glatt ab. Sie muss ein leichtes Gefälle aufweisen, damit Regenwasser abfließen kann. Zement neigt dazu, sich bei Wetterveränderungen auszudehnen oder zu schrumpfen. Deshalb unterteilt man größere Flächen

besser in Abschnitte, zwischen denen eine Lücke oder „Dehnungsfuge" von etwa 3 mm bleiben sollte.

Eine größere, nackte Betonfläche wirkt schnell streng, Sie können die Oberfläche mit eingeritzten Linien, Kästchen und Kreisen interessanter gestalten.

Einen natürlicheren Ausdruck erreicht man mit Materialien wie Blättern und Zweigen. Bleiben sie in der Mischung liegen, dann bleibt ihr Abdruck erhalten, nachdem sie sich zersetzt haben. Eine dauerhaft strukturierte Oberfläche entsteht durch Kieselsteine oder Splitt, die man der Mischung beifügt und kurz vor dem Aushärten durch leichtes Reiben oder Abbrausen der Oberfläche zum Vorschein bringt. Andere einfallsreiche Effekte erzielt man durch das Einlegen von Glasperlen, Muscheln oder flachen Metallgegenständen in die feuchte Mischung.

Rechts: Legt man Gegenstände in feuchten Beton, ergeben sich spannende Effekte. Hier wurden alte Schraubenschlüssel mit farbigen Kieseln kombiniert. Entstanden ist einen innovativer, preiswerter Weg, der alle Blicke auf sich zieht.

Gussplatten aus Beton

Fertige Betongussplatten gibt es in vielen Arten und Formen. Sie bieten ein breites Gestaltungsspektrum und ermöglichen moderne oder traditionelle Böden, die nur einen Bruchteil von Natursteinpflasterungen kosten.

Unten links: In Natursteinformen gepresste Betonplatten wie diese, die gebrochenem Kalkstein ähneln, wirken echt und sind deutlich billiger als das Original.

Unten rechts: Geschwungene Pfade lassen sich recht einfach aus losen Materialien herstellen. Hier wurden Betonplatten in den Kies verlegt, um den breiteren Abstand auf der längeren Seite zu überbrücken.

Berücksichtigt man den hohen Preis von Naturstein, sind Betongussplatten bei großen Gartenflächen eine verlockende Alternative. Die Produktionstechniken haben sich enorm weiter entwickelt, inzwischen sind sehr geschmackvolle Produkte erhältlich.

Sehr beliebt sind die überzeugenden Nachahmungen aus Kunststein. Immer häufiger gibt es aus Natursteinstücken geformte Platten, deren Oberfläche eine realistische Struktur aufweist. Passable Nachahmungen von Kalkstein, Granit, Terrakotta und Schiefer werden überall als Betongussplatten angeboten. Die authentischen Farben und natürlich aussehenden Oberflächen sind vor allem dann sehr überzeugend, wenn die Platten in entsprechenden Mustern verlegt werden. Wo eine schlichtere Wirkung erwünscht ist, kann man fein strukturierte Platten von Cremeweiß über hellgrau bis zu dunkleren Grau- und Schwarztönen erwerben. Sie passen gut zu modernen Gartengestaltungen.

Es ist Ansichtssache, ob man es gut oder schlecht findet, dass Betonpflaster nicht verwittert. Daher sollten Sie Ihre Auswahl mit Bedacht treffen und die Wirkung sowohl im trockenen wie im nassen Zustand prüfen. Bei billigen Produkten ist die Oberfläche nur farbig beschichtet. Sie splittert leicht ab und entblößt dann den grauen Zement darunter.

Will man dieses Problem vermeiden, muss man etwas mehr Geld für Produkte ausgeben, die mit Qualitätspigmenten durchgefärbt wurden. Im Zweifelsfall sollten Sie vor dem Kauf eine durchgebrochene Platte zur Begutachtung verlangen. Wie bei der Auswahl aller Gartenbaumaterialien wählt man am besten Farben und Strukturen, die sich mit der umgebenden Architektur vertragen. Gedeckte Töne wie heller, gelbbrauner „Sandstein" oder grautoniger „Schiefer" passen gut zum Hintergrund der meisten Gärten, während warmes „Terrakotta" schön auf jeder

sonnigen Terrasse im mediterranen Stil wirkt. Nachahmungen von Kalkstein passen gut zu traditionellen Gartenentwürfen, und falsches Granitpflaster können sie in modernen und klassischen Gärten einsetzen.

Am besten sieht bei Betonplatten immer ein einfaches Verlegemuster aus. Unruhige Entwürfe wirken schnell verwirrend und lassen das Gelände eher klein und zusammengestückelt erscheinen. Klare, gerade Linien dagegen bieten dem Auge ein Gefühl räumlicher Ausdehnung. Moderne, quadratische Platten verlangen eine formale Anordnung im Schachbrett- oder Rautenmuster. Größere Pflasterflächen werden durch einzelne Streifen oder Einfassungen in einer neutralen, kontrastierenden Farbe wie Schwarz oder Creme aufgelockert und wirken dann interessanter. Unregelmäßig geformte Platten in der Farbe von Naturstein sehen meist am besten aus, wenn sie im freien Verbund verlegt werden.

Links: Diese einfachen, glatten, weißen Betonplatten bilden die perfekte Bühne für die naturnah gestaltete, japanische Bepflanzung.

Unten: Klare architektonische Linien kennzeichnen diese formale Bepflanzung. Um mehr Dynamik zu erzeugen, wurden die Betonplatten in diagonalem Muster verlegt und bilden so einen Kontrast zu den würfelförmigen Formschnittgehölzen am Fuß der Bäume.

Möbel und Zierrat

Moderne Designer schätzen Beton inzwischen als aufregendes Material für Gartenmöbel. Durch seine Formbarkeit und beständigen Eigenschaften passt er bestens zu sinnlichen Kurven und verführerischen Strukturen.

Unten: Die Strenge und „Plastizität" von Beton ermöglicht die Herstellung spektakulär moderner Stücke wie dieser markanten Möbel.

Beim Entwerfen von Möbeln und Pflanzgefäßen für den Außenbereich werden Designer vor allem mit den Risiken der Verwitterung und Oxidation konfrontiert. Viele der bisher für die Herstellung von Gartenobjekten benutzten Materialien müssen gegen Witterungseinflüsse versiegelt und geschützt werden. Beton ist diesbezüglich völlig problemlos. Vorausgesetzt, die Mischung stimmt, bleibt er nach der Verarbeitung stabil und verrottet auch mit der Zeit nicht. Man kann ihn in fast alle komplizierten Formen bringen, was sowohl einfache, klare wie auch wilde und fantasievolle Gestaltungen erleichtert. Durch den Zusatz von Pigmenten kann man die Farbe und durch Beimischen von verschiedenen Zuschlagstoffen die Struktur des Materials nach Belieben verändern. Die bearbeitete Oberfläche kann rau, glatt oder sogar poliert wie schimmernde Seide sein.

Beton ist schwer und daher gut für frei stehende Objekte an windigen Standorten wie offene Terrassen und Dachgärten geeignet – obwohl im letzteren Fall zunächst ein Ingenieurbüro die zulässige Belastbarkeit ausrechnen sollte. Das Gewicht des Betons verhindert außerdem Diebstahl.

Für Tischplatten ist Beton wie gemacht, besonders dann, wenn Aluminiumbeine einen Kontrast zu seiner Massigkeit bilden. Ein so konstruierter, kleiner Kaffeetisch ist schwer genug, auch kleinen Windstößen auf einer Dachterrasse standzuhalten. Es gibt auch größere Tische und Bänke aus Beton in schlichtem modernen Design, deren Oberfläche mit zerstoßenem Marmorterrazzo inkrustiert ist. Sie sind jedoch so ungeheuer schwer, dass sie am besten einen permanenten Standort bekommen sollten.

Viele moderne Designer entwickeln die „plastischen" Eigenschaften des Betons weiter, um innovative Formen wie die des gegenüber gezeigten, geschwungenen Stuhls zu entwerfen. Der kräftige Rahmen gibt eine dynamische und sinnliche Linie vor, die im Maßstab und im Gewicht von dem gebogenen Holzsitz vervollständigt wird. Die beeindruckende Plastik lädt gleichzeitigzeitig zum Sitzen ein.

Heute gibt es Pflanzkübel aus Beton, die nichts mehr gemeinsam haben mit den standardisierten städtischen Blumenkübeln in Fußgängerzonen. Anmutige, bauchige Schalen und schlanke, extrem hohe Töpfe gehören zu den beliebtesten Entwürfen, aber auch rechteckige Balkonkästen und Tröge sind gefragt.

Oben: Dieser schlichte Pfeiler besteht aus preiswertem Beton.

Rechts: Diese sinnlich anmutende Bank mit dem geschwungenen Rahmen aus poliertem Beton und dem gebogenen Holzsitz ist ein fantastisches Beispiel modernen Möbeldesigns.

Kapitel vier

Glas

Glas hat dynamischen Charakter. Glänzend klar oder geheimnisvoll schimmernd lässt es Licht durch, gewährleistet dabei aber immer die Privatsphäre. Es ist gefärbt wie ein brillanter Edelstein oder matt, es kann eine geätzte oder beschichtete Oberfläche besitzen. Glas wird bei hohen Temperaturen aus geschmolzenen Mineralien und Sand hergestellt und kann durch Walzen oder Blasen zu flachen Scheiben oder dreidimensional geformt werden.

Links: In diesem Innenhof trennen frei stehende, geätzte Glaswände den Raum dahinter ab und bilden einen klaren Hintergrund für die geometrische Bepflanzung.

Glas Einführung

Seit Jahrhunderten verbindet Glas Haus und Garten optisch. Moderne Technologien ermöglichen es inzwischen, auch großflächige Wände und Türen aus gehärtetem Glas herzustellen. So kann der Garten nahtlos mit dem Haus und seiner Umgebung verbunden werden. Der traditionelle Wintergarten mit Sprossenfenstern hat heute dem Gartenzimmer mit klaren Wänden Platz gemacht, das nach draußen „fließt" und dabei einen bequemen, lichtdurchfluteten und von Grün umgebenen Raum schafft.

Glas wird mittlerweile immer häufiger auch im Außenbereich eingesetzt. Wo ein Windschutz nötig ist, bieten transparente Glaswände vollen Wetterschutz, ohne die Sicht einzuschränken. Getönte Scheiben erzeugen Schwingungen, verspiegelte Oberflächen reflektieren das Licht und dehnen den Raum in schattigen oder begrenzten Bereichen optisch aus. Doch Glas ist nicht nur funktionell, man greift auch für ausgefallene dekorative Einfälle gern darauf zurück. Sein schwereloser und reflektierender Charakter erzeugt vor allem in Verbindung mit Wasser fantasievolle plastische Effekte.

Glas ist ein zerbrechliches und potenziell gefährliches Material. Deshalb sollte man besonders vorsichtig sein, wenn man es im Garten einsetzt. Alle Befestigungen müssen ausreichend und sicher sein. Große oder dicke Teilstücke sollten immer von Profis installiert werden. Fenster- oder Floatglas gibt es in verschiedenen Stärken. Zur Herstellung wird geschmolzene Glasmasse auf einem Bett aus flüssigem Zinn ausgegossen. Nach dem Abkühlen ist die Oberfläche völlig glatt.

Gehärtetes Glas ist sehr fest und zerbricht in kleine, ungefährliche Stücke. Es muss immer in der Endgröße hergestellt werden, da man es nicht schneiden kann. Laminatglas (Verbundglas), das härteste von allen, eignet sich am besten für den Außenbereich: eine zwischen zwei Glasscheiben gelegte, durchsichtige Plastikschicht hält alle Bruchstücke fest, wenn das Glas zerbricht. Man sollte sich bei der Auswahl der richtigen Art und Dicke beraten lassen.

Gegenüber: Spiegelglas wird für viele interessante Effekte im Garten eingesetzt. Diese in einer offenen Landschaft aufgestellten Wände bilden einen strukturellen Akzent und spiegeln Licht und Umgebung.

Rechts: Diese einfallsreiche Pflanzabdeckung besteht aus gehärteten Glasplatten.

Ganz rechts: Floatglas kann man zu verschiedenen Oberflächenreliefs formen, die auf ein Gartenmotiv Bezug nehmen können.

Rechts: Gefärbtes Glas lässt sich für verschiedene dekorative und plastische Zwecke verwenden.

Ganz rechts: Auf diesem von Algen bedeckten Zierteich schwimmen schachbrettartige, quadratische Glasplatten.

Rechts: Sanft fließende, in Floatglas gepresste Linien suggerieren in einer durchscheinenden Wand Bewegung.

Ganz rechts: Eine Spirale aus zerstoßenem Autoglas bedeckt den Gartenboden mit einer interessanten Struktur.

Ganz links: Lichtspiele machen Glas zu einem vielseitigen Material, das im Garten große plastische Wirkung entfaltet.

Links: Hier wurde Glas sehr einfallsreich beim Bau eines Vordaches eingesetzt.

Ganz links: Ein aufgeprägtes, einfaches Pflanzenmuster bildet bei diesem Glas ein Relief.

Links: Recycelte Glassplitter bilden eine ungewöhnliche Mulchschicht.

Ganz links: Für diese Trennwand wurde von Hand bemaltes Gewebe zwischen zwei klare Glasscheiben gelegt.

Links: Geblasene Glaskugeln baumeln von einer spektakulären „Baum"-Skulptur.

Oberflächen

In der modernen Gartengestaltung setzt Glas ungewöhnliche Akzente bei der Bodenabdeckung. Funkelnde Glassplitter umfließen die Pflanzen und setzen spektakuläre Farb,- Licht- und Struktureffekte.

Rechts: Die Mode der mosaikartigen Bepflanzung ruft nach einem fantasievoll kontrastierenden Mulchmaterial wie diesen leuchtend blauen Glassplittern.

Unten: Auf Gartenfestivals mischen sich Fantasie und Wirklichkeit: So schwimmt dieses Schachbrett aus Glasquadraten zwischen schillernden Algen und schafft ein erstaunliches Wassermotiv.

Glassplitter sind als Gartengestaltungsmaterial in Mode gekommen. Sparsam eingesetzt wirken sie am besten. Recyceltes Material ist in zahlreichen Farben und Korngrößen erhältlich. Aus praktischen Gründen setzt man es vor allem in pflegeleichten Gartenbereichen ein. Bodenabdeckungen aus Splittern wirken spektakulär und passen farblich gut zu mosaikartig angelegten immergrünen Pflanzungen oder kleinen Bereichen, etwa als Kübelumpflanzung. In beiden Fällen trennt eine wasserdurchlässige Folie das Glas vom Erdboden. Obwohl Glassplitter oft als dekorativer Universalmulch empfohlen werden, ist diese Verwendung wegen des Pflegeaufwandes nicht anzuraten. Es ist fast unmöglich, abgefallenes Laub zu entfernen, und mit der Zeit drängt die Erde durch die Splitter an die Oberfläche. Verwenden Sie Glassplitter nur da, wo Sie sie mit einem Gartenschlauch sauber spritzen können. Bei geschliffenen Splittern sind die Kanten zwar entschärft, gehen Sie dennoch vorsichtig mit ihnen um.

Besonders stimmungsvoll wirkt es, wenn gläserne Teilchen nachts von unten beleuchtet wird. Legen Sie es in einer dicken Schicht über beleuchteten, gehärteten Glasplatten, die in ein geometrisches Design mit Pflaster und reduzierter Bepflanzung einbezogen werden können. Schön wirken Glassplitter auch zusammen mit Wassermotiven, besonders wenn man sie beleuchtet.

Gegenüber: Ein wunderschöner, naturnah entworfener Garten zeigt, wie recyceltes Glas statt Pflasterflächen und Bodendeckern Struktur schafft.

Mauern und Einfassungen

Gehärtetes Glas ermöglicht es inzwischen, völlig transparente Wände um einen Garten zu ziehen. Solche unsichtbaren Abgrenzungen sind sicher und schützen auf erhöhten Terrassen vor Wind, ohne die Sicht zu beeinträchtigen.

Unten: Klare Glasscheiben sorgen auf dieser Terrasse für Windschutz und Sicherheit, ohne den Blick zu verstellen.

Glas im Außenbereich wirkt noch immer glamourös und anspruchsvoll. Besonders beim Bau moderner Appartementanlagen wird Glas geschätzt, denn hier zählt jeder Zentimeter Platz und Aussicht. Fast obligatorisch sind Glaseinfassungen für luxuriöse, urbane Dachterrassen, besonders dann, wenn sie auf einen Fluss oder ein spektakuläres Stadtpanorama blicken. Die transparenten Eigenschaften von Glas haben zwei Vorteile: nichts verstellt den Blick, und das Licht kann ungehindert durchdringen, was besonders an kleinen oder schattigen Standorten von Vorteil ist. Dort schafft Glas einen ganz unmittelbaren Eindruck von Raum und Licht.

Für erhöhte Ebenen, die einen Windschutz brauchen, ist Glas eine hervorragende Lösung. Schwere, transparente Scheiben bieten Schutz, ohne den Blick zu verstellen. Bedenken Sie aber, dass eine unsichtbare Wand für Menschen und Tiere beim Betreten des Geländes gefährlich sein kann. In die Glasfläche geätzte abstrakte Muster oder pflanzliche Reliefs sehen dekorativ aus und sorgen für die notwendige Sicherheit. Matte, gesandstrahlte Teilstücke schaffen dort mehr Privatsphäre, wo neugierige Nachbarn Ihnen sonst vielleicht zu nahe sind.

Gehärtetes Glas eignet sich hervorragend als Sicherheitsgeländer um eine Dachterrasse und erlaubt dennoch, sich ungestört am Ausblick zu erfreuen. In Innenhöfen gibt es oft erhöhte Bereiche, die normalerweise mit einem Holz- oder Eisengeländer versehen sind. Eine Wand aus Klarglas wirkt nicht wie eine optische Begrenzung und ist eine ebenso sichere Alternative.

Wenn man mit gehärtetem Glas arbeitet, sind die nicht unbeträchtlichen Kosten ein wichtiger Aspekt. Auch die Schwierigkeiten bei der Installation spielen bei der Verwendung des Materials im Außenbereich eine Rolle. Setzen Sie Glas am besten dort ein, wo seine qualitativen Vorzüge die hohen Kosten rechtfertigen.

Glasbausteine benutzte man früher oft zum Errichten von Innenwänden. Genauso nützlich können sie für Einfassungen und Trennwände im Außenbereich sein. Durch ihre Dicke sind die Blöcke sehr fest, weshalb sie

Bestandteil oder alleiniges Baumaterial einer massiven Wand sein können. Die transparenten Blöcke lassen Licht fast vollständig durch, geriffelte und mattierte Oberflächen sind genauso lichtdurchlässig, gewährleisten aber etwas mehr Privatsphäre.

Für besondere Situationen, etwa dort, wo eine Trennwand den Dusch- oder Umkleidebereich vom Pool abtrennen soll, gibt es farbige Varianten in hellblau und grün. Dieser Retro-Look passt jedoch nicht zu jedem Gartenstil, sondern vor allem zu schlichten, modernen Konzepten. Achten Sie beim Kauf darauf, dass die Glasbausteine auch für den Außenbereich geeignet sind. Den Einbau sollten Sie auf jeden Fall Profis überlassen.

In massiven Mauern setzen Glasbausteine interessante Akzente, lassen Licht durch und leisten ihren ganz eigenen Beitrag zum Gesamteindruck. In einem ummauerten Garten lassen Gucklochfenster Licht durch, eröffnen Ausblicke und vermindern das Gefühl des Eingeschlossenseins. Die rund, oval oder eckig geformten Steine gliedern einen nackten Raum und gewähren einen interessanten Ausblick. Wo dies nicht erwünscht ist, bietet gesandstrahltes Glas mehr Privatsphäre, ohne dabei die Lichtmenge zu reduzieren.

Oben links: Diese massiv wirkende Einfriedungsmauer wird durch die transparenten Glasbausteine aufgelockert.

Oben: Eine Mauer aus Glasbausteinen bietet Schutz, ohne Licht zu schlucken. Die terrassierte Kante öffnet den Blick auf den Garten.

Trennwände

Geformtes Glas hat ein hohes kreatives Potenzial. Immer mehr moderne Künstler lassen sich von seinem flüssigen Charakter inspirieren und können auch ausgefallene Aufträge ausführen.

Gegenüber: Die Öffnung zwischen zwei geprägten Glasscheiben gibt den Blick auf den Garten dahinter frei. Die feinen Linien des Designs harmonieren mit dem blühenden Baum.

Eine in eine glatte Trennwand eingefügte, mehrfarbige Glasscheibe wirkt sensationell, wenn sie so platziert wird, dass das Sonnenlicht optimal hindurchfällt. Das Spiel von Licht und Schatten in der Umgebung verleiht der Architektur und der Bepflanzung um die Mauer herum eine besonders lebendige Ausstrahlung.

Häufig gliedern bei der Gartengestaltung frei stehende Trennwände den Raum. Sie sind plastisch und architektonisch sehr vielseitig einsetzbar. Besonders spektakulär wirken durchscheinende oder opake Glasscheiben, wenn sie Farben und Formen wirksam verbinden. Man kann die Scheiben einzeln in Innenhöfen oder entlang eines Wegs wie Flaggen gruppiert aufstellen, das Sonnenlicht scheint dann hindurch wie in einem Gemälde von Mondrian.

Sehr anspruchsvolle Dekorationselemente entstehen durch Glasscheiben mit speziellen Oberflächen oder Effekten. Zu den aufregendsten neuen Möglichkeiten gehören direkt auf die Scheibe applizierte Siebdrucke. Wenn man unscharfe Schnappschüsse von Blättern oder Landschaften wählt, ist die Wirkung eher subtil und abstrakt. Zu einem echten Blickfang werden vergrößerte Details von Blüten oder einer Skulptur. Solche Stücke wirken am besten als hohe Trennmauern in einer klaren Umgebung, wo das Sonnenlicht die Bilder besonders vorteilhaft zur Geltung bringt.

Rechts: Diese strukturierte Trennwand setzt in einem romantischen Garten einen aparten plastischen Akzent.

Ganz rechts: Farbige Hintergründe machen aus einfachen Glasscheiben etwas Außergewöhnliches.

Plastische Wirkung

Glas und Wasser lassen sich hervorragend in modellierten Entwürfen kombinieren. Beide sind transparent und reflektieren Licht. Über die fast unsichtbare Oberfläche von Glas kann Wasser plätschern und fließen.

Rechts: Glas passt wunderbar zu jeder Art von Wassermotiven. In einigen Teilen dieses einzigartigen Entwurfes scheint es, als würde das Wasser aufwärts fließen.

Gegenüber: Bei dieser ungewöhnlichen Teichskulptur scheinen zart getönte Glasplatten großen Segeln gleich an zerklüfteten Eisbergen vorüber zu gleiten.

Unten: Die kombinierten Strukturen von Glasscherben und Felssplittern lassen diesen beleuchteten Wasserfall besonders aufregend wirken.

Schaugärten zeigen oft eine unglaubliche Vielfalt professioneller Kombinationen von Glas und Wasser, die für die meisten Gartenbesitzer allerdings unerreichbar sind. Beliebt und auch leicht realisierbar ist aber ein Wasserelement, das aus kleinen Flachglasscheiben besteht. Zusammengeschoben bilden sie wellige Säulen, von denen dann das Wasser plätschert. Damit bei diesen turmähnlichen Brunnen Licht und Bewegung noch dynamischer wirken, haben die Gläser unregelmäßig geschnittene oder gebrochene Kanten. Werden die Glasskulpturen nachts von unten angeleuchtet, entstehen beinah magische Effekte.

Der ruhige Hintergrund eines Teiches bildet einen zurückhaltenden Rahmen für Glasskulpturen. Dafür eignen sich sowohl figurative wie auch abstrakte Formen. Am besten wirken sie, wenn sie aus einer Abfolge individueller, aus farbigem Flachglas geschnittener Profile bestehen. Platziert man sie in versetzten, aber engen Intervallen, durchdringt das Sonnenlicht das Glas und es scheint, als würden sich Form und Wirkung je nach Blickwinkel verändern.

Individuell mundgeblasenes Glas ist natürlich am reizvollsten. Ein Künstler, der Skulpturen anfertigt, die zum Aufstellen in der Landschaft gedacht sind, lässt sich bei seiner Arbeit stark von der Natur inspirieren. Wassertropfen, Stängel und Samenkapseln erleben in dynamischen Glasgestalten ihre Wiedergeburt. Zu seinen bekanntesten und schönsten Werken zählen ein ausgewachsener Baum, von dessen Zweigen kristallene Tropfen fallen und prachtvolle Blüten, die aus schlanken, transparenten Stängeln sprießen.

Spiegel

Spiegelungen spielen im Garten eine wichtige Rolle, aber nicht immer muss Wasser diese Aufgabe übernehmen. Ein Spiegel im Garten setzt überraschende Akzente und verzaubert wirklich jeden Ort, gleich welcher Größe, mit Bildern und Illusionen.

Rechts: Diese beeindruckende Spiegelwand erzeugt die Illusion eines weit größeren Gartens.

Unten: Kreativer und lustiger Einsatz eines Spiegels mit trompe-l'oeil: die glatte Hauswand wird von unerwarteten Spiegelungen des Gartens völlig verändert.

Spiegelbilder können überraschen und erschrecken, für Licht und Weite sorgen oder illusionistische, plastische Effekte erzeugen. Hohe, senkrechte Glasspiegel in versetzten Gruppen sind besonders wirkungsvoll, wenn dort nur eine bestimmte Pflanzenart wächst, etwa hohe, schlanke Gräser, die sich im Wind wiegen. Waagerecht platziert bilden Spiegel eine imaginäre Brücke, die den Himmel reflektiert. Wenn Spiegel sich gegenseitig spiegeln, suggeriert die Kombination aus reflektiertem Licht und wiederholten Bildern eine unendliche Kaleidoskoplandschaft und bietet unzählige Interpretationsmöglichkeiten.

Bei begrenztem Platzangebot, z. B. in Innenhöfen oder engen Durchgängen, verdoppeln strategisch platzierte Spiegel den Raum und spiegeln das Gelände. Man kann mit Tricks arbeiten, etwa eine falsche Tür in einer Grenzmauer verglasen und so suggerieren, die gespiegelte Bepflanzung sei eine Landschaft jenseits der Tür. Weil er Licht reflektiert, kann ein Spiegel weniger ansehnliche Gartenteile aufhellen. In Verbindung mit einem Brunnen belebt ein Spiegel einen dunklen Innenhof – das Glitzern bewegten Wassers vervielfacht sich in der Bepflanzung aus grünen Farnen.

Benutzen Sie stets Spiegelglas, das für den Außenbereich hergestellt wurde, denn die reflektierende Beschichtung eines Innenraum-Spiegels schält sich recht bald durch Verwitterung ab. Spiegelglas ist sehr schwer. Achten Sie deshalb auf eine gute Befestigung. Montieren Sie das Glas zur Sicherheit immer auf eine Rückwand aus wetterfestem Sperrholz, das dann an eine Mauer geschraubt wird oder setzen Sie das Glas in ein Zementfundament am Erdboden.

Gegenüber: Spiegel können Überraschung oder Staunen erzeugen. Ein erhöhter „Weg" aus Scheiben zerschneidet dieses Gemüsebeet mit Spiegelungen des Himmels.

Licht

Kombinieren Sie das Funkeln und die spiegelnden Eigenschaften von Glas mit elektrischem Licht – Sie werden eine magische nächtliche Stimmung erzielen. Vor dem Hintergrund des dunklen, geheimnisvollen Gartens entstehen großartige Effekte und überraschende Schattenspiele.

Oben: Bodenstrahler im Teich und neben strategisch günstig platzierten Felsen lenken den Blick auf die farbigen Lichtkästen zwischen den weiter entfernten Felsen.

Rechts: Das Licht ist auf die mit weißen Kieseln gefüllte Glaskiste gerichtet, bei Nacht ein stark strukturierter, dekorativer Effekt.

Auf einer Terrasse ist eine Fußbodenbeleuchtung nützlich und sicher. Wunderbar ist sie aber auch als Quelle subtil fließenden Lichts. Konventionelle, in versiegelte Glasscheiben und ins Pflaster eingelassene Bodenstrahler sind weit verbreitet, mit etwas Fantasie und einem versierten Fachmann sind aber noch viel wirkungsvollere Effekte möglich.

Große, beschichtete Glasscheiben mit darunter montierten Niedervoltlampen verwandeln den Terrassenboden in eine magische Lichtquelle. Lange, schmale Lichtstreifen als spektakuläre Einfassung der Terrasse bilden dazu einen guten Kontrast. Lässt man diese Beleuchtung in das Pflaster ein, erfüllt sie bei einem klassisch modernen Konzept sowohl eine dekorative wie auch eine sicherheitsrelevante Funktion. Man kann diesen glamourösen Beleuchtungseffekt auf Stufen und in Mauern integrierte Elemente ausweiten.

Besonders wirkungsvoll sind überall im Garten installierte Lichtkästen. In Wände integriert sehen sie wie nächtlich erleuchtete Fenster aus, im Boden versenkt sind sie von Pflanzen umgeben. Eine große, beleuchtete Scheibe aus opakem Glas kann einen spektakulären Hintergrund für eine Skulptur bilden, deren Umriss sich nachts abzeichnet. Man kann sie aber auch als markanten Akzent einsetzen. Schön wirken kleine, transparente Glaskästen, wenn man sie mit Muscheln oder gewaschenen Flusskieseln füllt. Farbiges Glas erglüht in fast kaleidoskopartiger Wirkung.

Achten Sie auf die Sicherheit, wenn Sie im Freien mit Elektrizität arbeiten. Lassen Sie deshalb alle Anschlüsse von einem Fachmann installieren und warten.

Gegenüber: Moderne Technik fordert die Fantasie heraus. In diesem luxuriösen Stadtgarten schaffen Glaskästen mit Leuchtstreifen, die in den Holzboden eingelassen wurden, eine subtile Beleuchtung und ein wunderbar intimes, nächtliches Ambiente.

Kapitel fünf

Metalle

Metalle wirken dynamisch und elegant. Weil sie so leicht und anmutig aussehen, täuscht das oft über ihre große Kraft hinweg. Sie gehören zu den vielseitigsten Materialien überhaupt. Bleche eignen sich für Oberflächen und Pflanzgefäße, Metallträger und –stangen für Pergolen und Tore. Metalle variieren je nach Zusammensetzung in Stärke, Gewicht, Struktur und Farbe.

Links: Diesen lebendigen Garten unterteilen große, doppelwandige und mit Kieseln gefüllte Stahlgitterwände. Quadrate aus dunkelblauem Kunststoff – ihre Form spiegelt sich in den markanten, hölzernen Sitzwürfeln – mildern die Wirkung ab.

Metalle Einführung

Metall spielt im Außenbereich schon seit vielen Jahrhunderten eine wichtige dekorative und funktionale Rolle. Im Mittelalter wurden aus schwarzem Schmiedeeisen zarte Stäbe sowie kunstvolle Tore und Gitter geformt. Besonders häufig wählte man Pflanzen und Blüten als Muster. Diese zeitlosen Gestaltungen sind nie aus der Mode gekommen und inspirieren auch heute noch traditionelle Eisenware für die Gartendekoration. Heute verwendet man statt des traditionellen Schmiedeeisens oft Stahl, eine hoch veredelte Eisenlegierung.

Stahl ist fester und schwerer, verlangt mehr Handwerkskunst und benötigt besseren Rostschutz. Fortschrittliche Produktionstechniken und neue Verarbeitungstechniken ermöglichen besonders bei Plastiken andere Formen der Anwendung. Die Formbarkeit des Metalls ermöglicht sehr unterschiedliche Realisierungen, z. B. wie mit Titanium verkleidete Gebäude, die aussehen, als wären sie seidig poliert, monumentale Plastiken mit korrodiert aussehender Oberfläche oder hoch aufragende, glänzende, rostfreie Stahlbrunnen.

Metalle fordern spezielle Herstellungs- und Befestigungstechniken, die oft mit viel Handarbeit verbunden sind. So schön das später aussieht, es macht Auftragsarbeiten ziemlich teuer. Man kann heute im Fachhandel aber auch ästhetisch überzeugende, vorgefertigte Tore, Geländer und Pflanzgefäße kaufen. Der größte Nachteil von Eisen und Stahl ist die Rostanfälligkeit. Stahl, der mit Chrom und Nickel legiert ist, ist zwar ziemlich teuer, dafür aber rostfrei und langlebig. Gerade in modernen Freilandgestaltungen setzt man ihn sehr gern für Geländer; Vordächer, Plastiken und Wasserspiele ein.

Wenn Sie keine rostige Oberfläche wollen, müssen Eisen und Stahl mit einem Überzug aus Metallgrundierung und Rostschutzfarbe vor Nässe geschützt werden. Kontrollieren Sie den Zustand der Lackierung jährlich und bessern Sie die Stellen bei Rostbefall aus.

Gegenüber: Rostfreier Stahl fängt das Licht ein und passt wunderbar zu Wasserspielen. Der gekräuselte Fluss des Wassers über die glatte Oberfläche »verwischt« die gespiegelten Gartenbilder. Nachts leuchtet der von hinten angestrahlte »Mond« geheimnisvoll.

Rechts: Ein dekorativer Prägeeffekt bringt Struktur in Bleche aus rostfreiem Stahl.

Ganz rechts: Das auf eine strukturierte, rostfreie Stahlwand projizierte, rosafarbene Licht wirkt unheimlich.

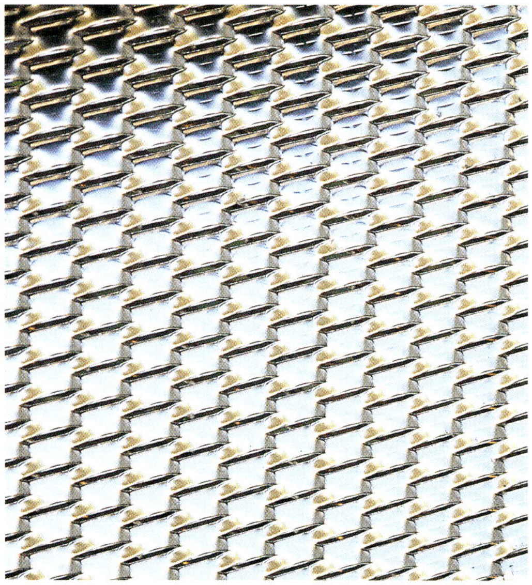

Rechts: Mit dem Laser geschnittene, rostige Stahlblätter bilden eine organische Plastik.

Ganz rechts: Mit Gitter verstärkter Stahl eignet sich für preiswerte, strukturierte Trennwände.

Rechts: Diese organisch wirkende Wand besteht aus zerdrücktem Hühnerdraht und Stahldraht.

Ganz rechts: Die kugelförmige Bekrönung kontrastiert schön mit dem Holzpfosten.

Ganz links: Gusseisen kann in sehr komplizierte Muster gegossen werden, wie diese fabelhafte Plastik zeigt.

Links: Korrodierter Stahl verwittert zu wundervollen Rot-, Braun- und Goldtönen.

Ganz links: Einfache Maschendrahtwände als Dachgartengeländer behindern die Sicht nicht.

Links: Stahlgitter sind hervorragende, gut durchlässige und rutschfeste Befestigungen für Wege und Laufstege.

Ganz links: Perforierte Stahlbleche eignen sich gut für halb durchsichtige Trennwände.

Links: Ein gehämmerter Kupfertrichter sammelt das Abflusswasser.

Tore, Zäune und Trennwände

Viele Gärten sind aus Gründen der Sicherheit von Einfriedungen umschlossen. Tore und Zäune aus Metall bilden eine sichere Barriere, ohne die Sicht in den Garten hinein oder aus ihm hinaus zu versperren.

Unten: Dieses markant strukturierte Tor aus rostfreiem Stahl kontrastiert gut mit der glatten Oberfläche und den ungewöhnlichen Linien der Grenzmauer aus Beton.

Tore und Zäune dienen dazu, ein Gelände einzufrieden und den Zutritt zu verwehren. Als Einzelstück sind Metallzäune ziemlich fest, für mehr Struktur fügt man in Abständen Mauern, Pfeiler oder Torpfosten aus Bruchstein- oder Ziegelmauerwerk ein.

Seit Jahrhunderten wird Schmiedeeisen von Schmieden erhitzt und zu kunstvollen Zäunen und Toren gehämmert. Dank seiner Formbarkeit, Festigkeit und optischen Leichtigkeit eignet es sich gut für kompliziert verschlungene Gestaltungen. Oft werden Blatt-

und Stängelformen zitiert, das passt besonders gut zur natürlichen Umgebung der Pflanzen.

Heute hat Stahl, eine hoch veredelte Eisenlegierung, den Platz von Schmiedeeisen eingenommen. Er ist fester und schwerer und muss vor Verrosten geschützt werden. Stahl wird in einer Esse erhitzt und dann in Form gebogen. Die Einzelteile werden von Hand verschweißt. Kunsthandwerker entwerfen spektakuläre Gestaltungen für klassische und moderne Gärten. Diese Arbeit fordert einiges handwerkliches Können, was Auftragsarbeiten entsprechend teuer macht. Bei spezialisierten Händlern bekommt man aber fertige, wenn auch weniger anspruchsvolle Gestaltungen, die erschwinglich sind.

In der modernen Gartengestaltung ist rostfreier Stahl in den letzten Jahren immer wichtiger geworden. Das liegt vor allem darin begründet, dass Stahl immer häufiger für Objekte und Installationen im Inneren des Hauses verwendet wird. Es ist jedoch ein recht teures Material, das von Fachleuten bearbeitet und installiert werden muss.

Rostfreier Stahl wird in Blechen angeboten. Man kann ihn flach oder in wellige Kurven gebogen für dekorative und funktionale Zwecke verwenden. Besonders gut eignet er sich für spektakulär schimmernde Trennwände und Mauern. Das Material wirkt, wenn man es alleine verwendet, in seiner schieren Masse optisch oft überwältigend. Wenn man allerdings Formen und Profile mit einem Laser ausschneidet, kann diese Wirkung abgemildert werden. Schön sehen markante, geometrische Formen wie kombinierte rechteckige Schlitze aus, aber auch weichere Formen – ein schlankes Weidenblatt etwa harmoniert gut mit der Landschaft und bildet einen guten Kontrast zu dem eher massiven Material.

Bei spezialisierten Händlern erhält man Bleche aus perforiertem, rostfreiem Stahl, in die Quadrate oder

Oben: Eine stählerne Lamellenwand trennt einen Teil der Terrasse ab, lässt aber dennoch etwas Licht durch.

Links: Die ungewöhnliche Kupferverkleidung verleiht dem Gebäude ein warmes Aussehen, das gut zur Holzbeplankung und dem Balkongeländer passt.

Kreise geschnitten wurden, damit Roste und Gitter entstehen. Dieses Material vereinigt industrielles Flair mit attraktiver optischer Leichtigkeit und passt gut zu modernen Gartengestaltungen. Für halb durchsichtige Trennwände und Zäune eignet es sich besonders dann hervorragend, wenn es mit erhöhten Laufstegen oder Stufen aus ähnlichem Material kombiniert wird. Gut geeignet sind solche Bleche auch, um auf einer Dachterrasse oder einem anderen ungeschützten Platz den Wind abzuschirmen. An einem sonnigen Standort kann die Reflexion von Sonnenlicht und Hitze allerdings enorm sein und muss durch eine Bepflanzung, etwa mit Bambus, abgeschwächt werden.

Auf modernen Dachterrassen sind mehrsträngige Stahldraht-Seile heute fast schon obligatorisch. Sie sind sehr stabil und wirken dennoch grazil. Deshalb verwendet man sie gern für Geländer und Schutzvorrichtungen. Die Seile müssen in geringen Abständen fest zwischen Pfosten gespannt werden. Handläufe aus Hartholz sind solide und verleihen einem Geländer besonders an Küstenstandorten und Flüssen ein maritimes Flair.

Gespannte Drähte bilden hervorragende Stützen für Kletterpflanzen. Sie sind stark genug, das Gewicht der Vegetation zu tragen, beeinträchtigen aber deren Aussehen nicht. Befestigen Sie sie in regelmäßigen Abständen waagerecht an einer Mauer oder einem Zaun und lassen Sie zwischen Draht und Mauer etwas Platz für die Ranken. Sie können auch einen frei stehenden Rahmen aus Holzleisten bauen, zwischen den Sie die Drähte auf die gleiche Weise spannen.

Oben: Mutiges Design und fantasievolle Details schaffen auf kleinem Raum Beeindruckendes. Die Kupferfackeln verwandeln diesen modernen Garten nachts in ein Energie- und Lichttheater; die glänzenden Umfriedungswände aus Stahl verstärken die Wirkung noch.

Links: Eine gekurvte Trennwand aus Stahlgewebe trennt diese luftige Terrasse in zwei intimere Zonen, ohne den Eindruck von Weitläufigkeit zu schmälern.

Gegenüber: Die freistehenden Kupfertrennwände wirken markant. Sie bilden sowohl einen guten Kontrast als auch Hintergrund zu den Pflanzen.

Pergolen und Pflanzenstützen

Die besonderen Eigenschaften von Metall sprechen beim Bau dreidimensionaler Gartenelemente für sich. Dank seiner physischen Kraft und optischen Leichtigkeit ist Stahl perfekt für alle Bauten, die Pflanzen stützen.

Rechts: Patinierte Winkelstahlstreben stützen einen breiten Holzbalken und bilden eine einfache, modern anmutende Pergola.

Unten: Die schmiedeeisernen Wände dieser großen Pergola bieten den Pflanzen guten Halt.

Lauben, Pergolen, Bögen und Pavillons müssen kräftig genug sein, um auch schwere Kletterpflanzen stützen und kräftigen, starken Windböen standhalten können. Sehr solide sind solche, die aus Holz gebaut werden. Stahlkonstruktionen sind genauso stabil, wirken aber optisch leichter.

Konventionelle Muster aus Schmiedeeisen werden von jeher sowohl in Stadtgärten als auch im ländlichen Raum geschätzt. Sie können fertig gekauft oder bei einem Kunstschmied bestellt werden. Am besten und harmonischsten wirken sie jedoch bei älteren Häusern. Für moderne Hausgärten lohnt es sich, sich auf Gartenmessen und in Zeitschriften von neuen, modernen Designs inspirieren zu lassen.

Hohe Obelisken und kegelförmige Pflanzenstützen werten Terrassen oder Innenhöfe auf. Sie funktionieren wie Satzzeichen, einzeln als Blickfang genauso wie in einem Beet, dem sie eine dreidimensionale Komponente verleihen. Es gibt sowohl verzinkte als auch rustikale Versionen, die zu urbanen oder ländlichen Standorten passen.

Bauten aus rostfreiem Stahl, besonders wenn sie auf den Stil und die Details eines Anwesens zugeschnitten sind, führen ein klares architektonisches Element in strenge Gartenkonzepte ein. Man kann dem Metall eine seidige oder eine glatt polierte Oberfläche geben. Über einem Essplatz im Freien wirkt eine Pergola aus gebürstetem Stahl großartig. Ein Bogengang oder Tunnel kann eine Treppe rahmen.

Optisch leicht und anmutig wirkende Materialien wie Glas, Plexiglas und Nylon können als Trennwände oder Überdachungen einbezogen werden. Dabei sorgt Hartholz bei gestalterischen Details wie Handläufen und Treppenstufen für die kontrastierend feste Form. Solche Konstruktionen sind aber nicht billig und müssen zudem bei Fachfirmen bestellt und von diesen montiert werden.

Oben: Die Anfertigung des Drahtgestells bei diesem herrlichen Pavillon im französischen Stil erfordert Zeit und Geschick, deshalb sieht man solche Artikel immer seltener.

Links: Diese rostige Stahllaube zeigt, wie originell man Eisen verwenden kann. Die moderne Ausstrahlung und die an eine Artischocke erinnernde, organische Form bilden einen wunderbaren Kontrast zu dem traditionell eingefassten Küchengarten, in dem sie steht.

Oberflächen

Die moderne Gartengestaltung profitiert davon, dass industrielle Metalle so vielseitig einsetzbar sind. Glänzender, rostfreier Stahl taucht auf Terrassen auf, Gittergeflechte bilden elegante Laufstege durch Bambushaine.

Gegenüber: Auf Kies zu laufen kann ermüden. Eine Auflage aus Stahlgittern schafft einen attraktiven, sicheren Pfad.

Unten: Bei diesem Becken wirkt die rosafarbene Beleuchtung, die durch den glänzenden, stählernen Laufsteg und auf das Wasser fällt, intim.

Unten rechts: Eine ungewöhnlich dekorative Verkleidung für einen Holzpfosten: strukturiertes, rostfreies Stahlblech.

Man kann rostfreie Stahlbleche hervorragend mit anderen Materialien kombinieren. Für einen sehr großflächigen Einsatz ist Stahl allerdings zu teuer und wirkt auch zu aggressiv. In der prallen Sonne heizt er sich zudem stark auf. Wenn man ihn aber bedachtsam und in Maßen verwendet, verleiht er jedem modernen Garten Brillanz.

Ein Laufsteg aus Stahl etwa zerschneidet eine Bepflanzung wie ein Strahl und betont dabei die unterschiedlichen Strukturen von Metall und Blattwerk. Ein glänzendes, stählernes Detail kann einem Deck aus Hartholz oder einem dunklen Schieferpflaster etwas Glamouröses geben. Für sehr unterschiedlich wirkende Effekte gibt es spiegelnde oder matte Oberflächen: für eine strukturierte Wirkung eignet sich auch rostfreies Stahlblech mit eingeprägten Mustern. Verzinktes Stahlgitter, das in der Regel in Industrieanlagen und für Feuerleitern verwendet wird, eignet sich gut für rutschsichere Stufen. Weil das Wasser so gut ablaufen kann, ist es ideal für erhöhte Laufstege. Man kann damit auch Kiespfade eingrenzen und sicherer begehbar machen.

Eine Tischplatte aus rostfreiem Stahl für ein markantes Holzgestell ist sehr luxuriös, genauso gut können sie stattdessen das preiswertere Zink verwenden. Dank seiner Rostresistenz eignet Zink sich hervorragend für den Außenbereich. Seine zunächst glänzende Oberfläche verwittert bald und wird stumpf und matt, was im Freien schön aussieht. Weil Zink sich ebenso gut wie das luxuriösere Kupfer biegen lässt, sind Zinkbleche leicht zu bearbeiten.

Kupfer allerdings hat eine bei Metallen einzigartige Farbe. Das von Natur aus warme Goldbraun glänzt zunächst stark, verwittert aber unter dem Einfluss von Feuchtigkeit und erhält dann eine interessante, türkisgrüne Patina.

Möbel und Pflanzgefäße

In den letzten Jahren wurden rostfreier Stahl, Aluminium und Zink bei der Herstellung von Gartenmöbeln immer beliebter. Diese Materialien brachten aufregende Designs und revolutionäre Produktionstechniken mit sich.

Unten: Neue Materialien und Herstellungstechniken haben Gartenmöbel verändert. Liegestühle mit Aluminiumrahmen und Synthetikauflagen wirken elegant und sind gut zu transportieren.

Viele der heute auf dem Markt befindlichen Metallmöbel wirken, als wären sie für den Garten gedacht, tatsächlich eignen sie sich aber nur für Innenräume. Da sie aus ungeschütztem Stahl hergestellt wurden, sind sie nicht rostfrei. Achten Sie deshalb beim Kauf darauf, dass die Möbel für draußen geeignet sind.

Aluminium ist korrosionsbeständig, extrem leicht und lässt sich gut transportieren. Von federleichten Rohren gerahmte Kaffeetische und Stühle werden immer beliebter. Dieses attraktive, silberne Metall passt gut zu modernen Gärten und Dachterrassen; Aluminiumsitze werden oft mit wetterfesten, synthetischen Polstern kombiniert, die einen weicheren Eindruck und ein wärmeres Gefühl vermitteln.

Ein ganz anderes Produkt ist Aluminiumguss. Er ist verwandt mit den filigranen Eisenentwürfen, die wir aus dem 19. Jahrhundert kennen, dabei aber viel leichter und in zahlreichen Farben und Oberflächen erhältlich. Gerade in traditionellen Gärten erfreut es sich großer Beliebtheit.

Gartenmöbel aus rostfreiem Stahl sind teuer. Es gibt sehr originelle Entwürfe, darunter Freischwinger und leichtgewichtige Drahtsessel, die klassische Favoriten neu interpretieren. Rostfreier Stahl wird heute auch gern als kontrastierendes Detail bei Hartholzmöbeln verwendet, in der Regel bei Armlehnen und Beinen von Sitzmöbeln. So wurden traditionelle Entwürfe von Stühlen, Tischen und Bänken modernisiert und erneuert. Rostfreier Stahl, der dauerhaft korrosionsbeständig ist, schadet den wetterfesten Eigenschaften des Holzes nicht.

Pflanzgefäße aus poliertem, rostfreiem Stahl sind in moderne Gärten fast unabdingbar, auch wenn sie recht teuer sind. Sie wirken funktional und haben eine enorme Ausstrahlung – eine gute Bühne also für ausdrucksstarke Pflanzenarten.

Zink ist eine hervorragende, leichtere Alternative zu Stahl, es gibt ihn in verschiedenen Qualitäten. Manche Zinkgefäße sind hauchdünn, die glänzende Oberfläche dunkelt mit der Zeit ungleichmäßig nach. Gute Gefäße sind doppelwandig, um eine Erhitzung durch die Sonne abzupuffern und wurden vorbehandelt, was der Außenseite eine zarte, antike Patina verleiht. Fest verankerte Pflanzgefäße auf Terrassen können aus wetterfestem Sperrholz gebaut und dann mit Zinkblech verkleidet werden. Wenn ein wärmerer Ton erwünscht ist, kann man stattdessen Kupferblech verwenden.

Jahrhunderte lang war Blei ein traditionelles Material für Pflanzgefäße. Obwohl es eine Fülle von antiken Reproduktionen gibt, geht der Trend heute zu einfachen, großen Formen. Das stabile und korrosionsbeständige Metall wiegt jedoch so viel, dass es sich für Dachgärten, Holzdecks oder schwer zugängliche Standorte kaum eignet.

Unten: Der moderne Pflanzkübel aus glänzendem Zink kontrastiert wunderbar mit dem konventionellen Formschnittgehölz.

Oben: Der ausgefallene, mit Stahl ummantelte Esstisch und die geschwungenen Stühle mit Aluminiumrahmen passen gut zu den kühlen, modernen Linien dieser Terrasse. Metallmöbel sollten immer im Schatten stehen, damit man sich nicht verbrennt.

Rechts: Eine erfrischende Variante der klassischen Hollywood-Schaukel: dieser Entwurf aus rostfreiem Stahl scheint in der Luft zu schweben.

Plastik und Dekoration

Gärten sind wunderbare Galerien für Plastiken. Bepflanzung und das ständig wechselnde Spiel von Licht und Schatten bilden eine perfekte Bühne für Kunstwerke und andere dekorative Elemente.

Plastische Gartendekoration aus Metall kennt man als figurative Güsse aus Bronze oder Blei. Die bekannten und eher traditionellen Motive wie unterschiedlichste Tiere oder liebliche Jungfrauen haben bis heute nichts an Beliebtheit eingebüßt. Heute allerdings schaffen viele Künstler auch ganz moderne, anspruchsvolle Stücke. Viele Bildhauer und Künstler schätzen Stahl, weil sie damit aufregende Formen entwickeln können. Die so entstehenden Kunstwerke sind ganz offensichtlich eher für die Aufstellung im Garten als für Innenräume gedacht.

Metalle können geschnitten, gebogen und geschweißt werden und sind vielseitig einsetzbar. Aus Metall entstehen viele ungewöhnliche, häufig von der Natur, von Pflanzen und Bäumen inspirierte Formen. Brunnen aus Kupfer, die Blätter und Stängel zeigen, sind genauso beliebt wie aufregende Laternen und Fackeln.

Korrodiertes Eisen liegt im Trend, das zeigen beispielsweise Konstruktionen aus rohen Stahlträgern. Ihr rauer und schlichter Charme passt hervorragend zu eher informellen Bepflanzungen.

Korrodierter Stahl dagegen wird speziell so angefertigt, dass er beim Verwittern allmählich eine wundervolle braungoldene Patina annimmt. Künstler und Bildhauer schätzen ihn besonders für Projekte aus Platten sowie monumentale Arbeiten.

Moderne Gartenplastik ist schwieriger aufzutreiben als die bekannten Klassiker, man findet sie aber auf Gartenmessen und regionalen Gartenfestivals, die zahlreiche aufstrebende Künstler anziehen. Ein Bummel lohnt sich also in jedem Fall, bestimmt finden auch Sie etwas, das Sie erfreut.

Links: Korrodierter Stahl ist bei Bildhauern wegen seiner wuchtigen Kraft und schön verwitterten Struktur und Farbe beliebt. Dieses spektakulär geschlitzte Stück ragt aufrecht in den Himmel.

Oben: Die Kupfertraufe und die Regenkette, die das Wasser vom Dach ableitet, bilden eine attraktive Alternative zu einem Fallrohr.

Links: Stachelige Pflanzen und hohe Stäbe mit glänzenden Metallkugeln wurden mit einer Sitzplatzeinfassung aus verstärktem Stahlgitter kombiniert. Sie verschmelzen zu einem verspielten Innenhofmotiv, das mit der kühlen Fassade dahinter kontrastiert.

Kapitel sechs

Terrakotta & Keramik

Terrakotta ist ein attraktives, sinnliches Material von warmer Erdigkeit, das man hervorragend im Garten verwenden kann. Man kennt es von Pflanzgefäßen, aber es ist im Garten auch sonst sehr vielseitig einsetzbar. Terrakotta, wörtlich „gebrannte Erde", ist ein Produkt aus Ton und eines der ältesten Werkstoffe, dessen ästhetische und funktionale Eigenschaften von jeher geschätzt werden.

Links: Klassische Terrakottagefäße passen wunderbar zu Topiari. Aus formalen Gärten wie diesem anspruchsvollen italienischen sind sie nicht wegzudenken.

Terrakotta & Keramik Einführung

Tonsorten variieren nach Ursprungsregion und Herkunftsland. Sie enthalten die für eine Gegend typischen und charakteristischen Mineralien wie Eisenoxide und Kieselerde, welche Farbe und Struktur des Tons beeinflussen. Nicht immer handelt es sich um das vertraute gebrannte Orangerot typischer Ziegel und Blumentöpfe. Alle schönen Erdtöne, von hellstem Ocker über Braun und Grau bis hin zu Schwarz, können vorkommen. Dank seiner Formbarkeit kann man Ton jede Gestalt geben, vom Pflanzgefäß über dekorative Objekte bis hin zu Ziegeln und Kacheln beim Bau und der Oberflächenversiegelung.

Zusammensetzung und Struktur des Tons beeinflussen sein Aussehen, genauso wichtig ist allerdings die Brenntemperatur. Bei niedrigen Termperaturen gebrannter Ton ergibt ein eher poröses Material, das sich nicht fürs Freiland eignet. Bei hohen Temperaturen gebrannter Ton dagegen wird hart und für Wasser undurchlässig, was Frostschäden verhindert.

Der Tonziegel ist einer der ältesten Baustoffe. Ton sieht regional verschieden aus, deshalb galt gleiches auch bis zur Mitte des 19. Jahrhunderts für Gebäude in unterschiedlichen Regionen. Heute werden die meisten Ziegel maschinell produziert und überall vertrieben. Damit wird der regionale Charakter verwischt. Ziegel sind ein vielseitiges Material zum Errichten von Mauern und anderen Bauwerken, manche eignen sich auch als Bodenbelag. Klinker sind die härtesten und haltbarsten. Man bekommt sie in einem Farbspektrum von Ocker über Orangebraun bis Schwarz. Eine der schönsten Farben ist das weiche Purpurschwarz, das besonders gut in moderne Gärten passt.

Zu Gärten bei alten Häusern und natürlich auf dem Land passen die erdige Struktur und die Farbvariationen von Hand geformter Ziegel besser als industriell gefertigte Produkte. Handgemachte Ziegel sind deutlich teurer als Industrieware, manchmal kann man sie aber günstig von Abbruchunternehmen kaufen.

Gegenüber: Handgemachte Ziegel besitzen einzigartige Eigenschaften und Strukturen. Diese niedrige Stützmauer mischt Rot-, Braun- und Schwarztöne mit einem ungewöhnlichen Mauerverbund und wirkt sehr rustikal.

Rechts: Agaven in Terrakottakübeln spielen mit Strukturen und Stilen. In einer Reihe arrangiert setzen sie auf dieser Ziegelterrasse einen baulichen Akzent.

Ganz rechts: Die Oberfläche des glasierten Klinkerpflasters bekommt im Alter eine edle Patina.

Rechts: Eine klassische Verwendung von Keramik ist das Mosaik. Man kann damit raffinierte Muster schaffen und Farben in den Garten bringen.

Ganz rechts: Unglasierte Ziegel nehmen mit der Zeit eine wunderbare Patina an.

Rechts: Ein Ölkrug aus Terrakotta eignet sich hervorragend für eine sommerliche Bepflanzung.

Ganz rechts: Klinkerpflaster kann in geometrischen Mustern verlegt werden. Wenn es verwittert, gewinnt es an Ausdruck.

Ganz links: Verwitterte Ziegel wurden zum Bau dieser Stufen benutzt.

Links: Mit Keramikfliesen kann man vielfältige Entwürfe und Muster schaffen. Im Garten sollte man aber nur fürs Freiland hergestellte Fliesen verwenden.

Ganz links: Attraktive und ungewöhnliche Fußbodengestaltungen entstehen, wenn man Keramikstücke in einem Mosaikmuster verlegt.

Links: Dieses schön gefärbte Tonpflaster besitzt die rustikale Ausstrahlung eines Landhauses aus dem 19. Jahrhundert.

Ganz links: Die Ränder eines flachen Beckens wurden mit Fliesen aus geformtem Ton eingefasst.

Links: Diese handgemachten Kugeln erhielten durch Brennen ihre strukturierte Patina.

Böden, Stufen und Wege

Pflaster und Bodenbefestigung sind für den Garten das, was Parkett und geflieste Böden im Innenbereich sind. Tonfliesen sind praktisch und pflegeleicht, Möbel, Dekoration und Bepflanzung wirken auf ihnen besonders gut.

Gegenüber: Dieser an einen arabischen Palast erinnernde Weg besteht aus bunten Fliesen mit traditionellen Mustern.

Rechts: Goldfarbene Terrakotta bringt Wärme in die dunkelgrüne Bepflanzung.

Unten: Dunkle Ziegel umreißen die exzentrische Form dieser Terrasse.

Eine praktische und attraktive Form der Bodenbefestigung sind Fliesen. Eine große Auswahl an Größen und Formen, zahlreiche Farben, Strukturen und Oberflächen bieten etwas für jeden Geschmack. Fliesen eignen sich gut für Terrassen und kleine Innenhöfe und sind auch für schmale Wege und Stufen ideal. Sie können außerdem eine optische Verbindung zum Haus schaffen, wenn passende Fliesen in einem zum Garten hin geöffneten Zimmer verwendet werden.

Pflaster und Fliesen gibt es in zahlreichen erdigen Tönen von blassem Ocker über Brauntöne bis hin zu Schwarz. Die Oberflächen können rau oder glatt sein. Dies sollte man berücksichtigen, wenn das Gelände rutschig werden kann.

In der Regel sind Bodenfliesen eher schlicht. Einfache Entwürfe wirken meist am besten. Details in kontrastierenden Mustern, Farben oder Fliesengrößen gliedern große Bodenflächen. Dekorative Einfassungen können eine schlichte Terrasse oder einen Weg rahmen; Einlegearbeiten schaffen Blickfänge. Es gibt wundervolle farbige Fliesen für Mosaike und andere exotische Muster, achten Sie aber immer darauf, dass die Fliesen auch freilandtauglich sind.

Terrakotta wurde schon von den Römern geschätzt. Handgemachte Terrakottafliesen sind schön strukturiert. Ihre leicht unebenen Oberflächen ergeben sehr attraktive Böden, die bei aller Rustikalität doch immer auch edel wirken und ein Stück Süden in unseren Garten holen. Es gibt sie in vielen Farben. Sehr helle Fliesen wirken besonders gut in Kombination mit dunkleren Einlegearbeiten. Gestreifte Einlegearbeiten sehen besten aus, wenn sie allein verwendet werden. Industrieware ist billiger. Sie ist meist glatter und besitzt weniger Charakter, kann aber dank ihrer regelmäßigen Form leicht verlegt werden. Denken Sie bei der Verwendung von Fliesen daran, dass viele

niedrig gebrannt und porös sind und deshalb für den Außenbereich ungeeignet sind. Prüfen Sie die Frostbeständigkeit und generelle Eignung vor dem Kauf. Häufig müssen Fliesen gegen eindringendes Wasser und Flecken versiegelt werden. Imitierte Terrakottafliesen aus gefärbtem Zement sind preiswert und sehr robust. Dank ihrer gleichmäßigen Größe und Form sind sie auch leicht zu verlegen.

Auch unglasierte Steinzeugfliesen sind eine sehr haltbare und preiswerte Alternative zu Terrakotta, obwohl ihnen der Charakter und die feine Struktur von Terrakotta fehlen. Weil sie nicht porös sind, eignen sie sich hervorragend als Nutzpflaster. Die rote, braune und schwarze Färbung gibt ihnen eine zurückhaltende Ausstrahlung. Echtes Klinkerpflaster ist schöner und äußerst robust. Man bekommt es auch mit einer sicheren, rutschfesten Oberfläche, die sich für Stufen und Bodenbefestigungen eignet.

Fliesen ist schwierig, man überlässt es besser Fachleuten. Fliesen müssen stets auf einem festen Betongrund verlegt werden. Dicke Fliesen verlegt man am besten in feuchten Zement.

Ziegel sind relativ leicht auf einem gut vorbereiteten Untergrund aus Packware, Sand und Zement zu verlegen. Bei der Auswahl muss man darauf achten, dass die meisten Ziegel zum Mauern hergestellt wurden und zum Pflastern zu bröckelig sind – außer man strebt genau diesen Effekt an. Am besten fragen Sie Ihren Händler, welche Ziegelart sich für Ihr Vorhaben am besten eignet.

Ziegelpflaster sieht bei Landhausgärten sehr schön aus, passt aber auch zu städtischer Umgebung. Dunkle Klinker wirken gut in modernen Gärten, besonders gut wirken sie in privaten Bereichen wie Innenhöfen. Ziegelpfade wirken gut als verbindende oder trennende Elemente zwischen bepflanzten Bereichen.

Man kann Ziegel in vielen interessanten Mustern verlegen. Ein Flechtverbund ist ein recht unruhiges Muster, das Flächen kleiner erscheinen lässt. Der Fischgrätverbund entspannt das Auge und hat eine leicht diagonale Ausrichtung, was bei Wegen und größeren Terrassen gut wirkt. Einfassungen und Inseln aus Ziegelpflaster können gut mit Stein- oder Zementpflaster kombiniert werden. Der Kontrast macht eine sonst langweilige Fläche interessanter.

Oben: Als helle Trittsteine verlegte Terrakottafliesen zwischen den grünen Kriechpflanzen bilden einen attraktiven Gartenweg.

Links: Warme, rote Ziegelstufen lenken zu dem romantischen, mit Holzschindeln verzierten Haus. Die Kante besteht aus längs gesetzten Klinkern.

Gegenüber: Dekorative Fliesen machen diese Stufen zum Bindeglied zwischen Haus und Schwimmbecken.

Mauern und Bauwerke

Für viele ist ein von Mauern umgebener Garten ein Wunschtraum. Ziegelsteine – elegant, von warmer Farbe und Struktur – sind das attraktivste Material, aus dem man sie bauen kann.

Unten: Struktur spielt beim Gestalten eines Innenhofes oder kleinen Gartens eine besondere Rolle. Das Sandsteinpflaster spiegelt in diesem Innenhof die Färbung und Struktur der hohen Ziegelmauern. Details des Innenhofes wie Möbel, Pflanzgefäße und Bepflanzung können so individuell gestaltet werden.

Ziegel sind ein äußerst vielseitiges Baumaterial mit angenehmer Ausstrahlung und handlichem Maßstab. Es gibt sie in standardisierter Größe, sie können in verzahnten Mustern zu Bauwerken unterschiedlicher Stärke angeordnet werden.

Der Gesamteindruck der fertigen Arbeit hängt von verschiedenen Verlegemustern ab, die man als Verbund bezeichnet. Der englische Verbund, das klassische Design für Gartenmauern, besteht aus abwechselnd Seite an Seite längs (Läufer) und quer (Binder) verlegten Ziegelsteinpaaren. Die so gebaute Mauer vereinigt Stärke mit einem interessanten und eleganten Muster. Es gibt viele traditionelle Verbünde. An alten Bauwerken können Sie gut sehen, wie viel attraktiver manche der alten, komplizierten Muster waren als der heute meist benutzte Läufer-Binder-Stil.

Frei stehende Mauern sind wunderbare Gartengrenzen und dienen auch dazu, den Garten zu unterteilen, ein bestimmtes Gebiet hervorzuheben oder Spannung zu erzeugen. Ziegelmauern sind auch hervorragende Stützen für Kletterpflanzen: sie speichern viel Sonnenwärme und regen so das Wachstum von empfindlicheren Pflanzen und Spalierobst an. Das Ummauern der Küchengärten alter Landgüter hatte also gute Gründe.

Berücksichtigen Sie bei der Auswahl der Baumaterialien für den Garten die umgebende Architektur. Ziegel sollten sorgfältig ausgesucht werden, damit sowohl Farbe wie auch Beschaffenheit des Materials passen – Ziegel und Terrakotta fügen sich beispielsweise schlecht zu cremefarbenen Steinhäusern. Wenn Sie vorhaben, neben einem alten Ziegelhaus Mauern zu errichten, sollten Sie lieber gebrauchte Ziegel verwenden, sie haben mehr Charakter als neue. Ihre Form und Größe machen Ziegel enorm vielseitig und erlauben auch den Bau von Rundungen und komplizierte Formen.

Befindet sich der Garten in einer Hanglage, gleichen Stützmauern, welche die Erde zurückhalten, Niveauunterschiede aus. Mit Ziegeln kann man auch verschieden hohe, breite und tiefe Stufen bauen. Komplexe gerade, gewinkelte oder gekurvte Treppenläufe kann man mit Ziegelngenauso bauen wie formale Becken für Fische oder Seerosen, Wandbrunnen oder Wasserspiele und Kaskaden. Abdeckungen mit Schiefer oder Naturstein und die bewusste Auswahl des umgebenden Pflasters geben dem Ganzen einen professionellen Abschluss.

Gerade kleine Gärten profitieren enorm von eingebauten Elementen, die sowohl Platz sparen als auch gut aussehen. Ein eingebauter Grill und eine passende Sitzbank aus Ziegeln auf einer Terrasse wirken in einem Innenhof besonders vorteilhaft. Ziegelbänke mit

abnehmbaren Holzdeckeln sind besonders praktisch und sparen als Stauraum für Werkzeug und Gartenzubehör zusätzlich Platz.

Quadratische Ziegelpfeiler bilden hervorragende Stützen für Pergolen und Eingangstore. Sie sind schwieriger zu bauen, aber eine runde Ziegelsäule, auf der eine Pflanzurne steht, stellt ein besonders elegantes Einzelmotiv dar.

Glasierte Keramikfliesen haben im Garten eine ganz eigene dekorative Wirkung. Ihre überwältigende Farbvielfalt ermöglicht spektakuläre Muster, die zum Blickfang werden und besonders zu Gärten mit mediterraner oder tropischer Atmosphäre passen. Mit Fliesen kann man sehr unterschiedliche Oberflächen bedecken – Mauern, Trennwände und Tischplatten. Einzelne, dekorative Tafeln machen glatt verputzte Mauern oder Trennwände interessanter. Es gibt viele Möglichkeiten, aufregende Entwürfe mit spektakulären Farbkombinationen zu verwirklichen,

Oben: Diese gerundete, frei stehende Mauer grenzt zwei verschiedene Gartenbereiche voneinander ab. Sie wärmt und schützt die vor ihr wachsenden, empfindlichen Stauden.

Rechts: Ziegelsteine eignen sich für alle Arten von Bauten, auch für gerundete Mauern wie bei dem kreisförmigen Becken.

etwa das »Malen« eines Mosaikbildes mit zerbrochenen Kacheln.

Eine Verblendung mit farbigen Fliesen verwandelt grob gemauerte Elemente wie Brunnen und Bänke. Auch gerundete Objekte wie formale, erhöhte Becken eignen sich dafür, man kann sogar fantasievolle Plastiken mit kleinen Bruchstücken von Fliesen verzieren.

Bunte Fliesen wirken in Kombination mit Wasser besonders schön, weshalb man sie häufig für Brunnen und Schwimmbecken verwendet. Dort stellen sie eine attraktive, robuste und hygienische Lösung dar. Man kann jede Größe verwenden.

Für raffinierte Muster sind Mosaikfliesen am beliebtesten. Diese winzigen vorgeschnittenen Formen, die natürlich freilandtauglich sein müssen, eignen sich dank ihrer Handlichkeit gut für Muster und zum Bedecken gerundeter Oberflächen. Besonders schön sehen zarte Blau- und Grüntöne aus. Da Farben unter Wasser meist viel intensiver wirken, sollte man bei der Auswahl für größere Flächen wie Schwimmbecken vorsichtig sein und die Wirkung vorher testen, damit das Ergebnis später nicht unnatürlich wirkt.

Große Ziegelbauten, besonders hohe Mauern, müssen besonders sorgfältig gebaut werden. Eine solche Mauer benötigt natürlich tiefe, feste Fundamente, und für eine glatte, elegante Oberfläche bedarf es auch beträchtlicher Erfahrung beim Mauern. Die Materialkosten sind nicht unerheblich. Nicht nur deshalb ist es ratsam, diese Arbeit Fachleuten zu überlassen – das Ergebnis einer solchen Mauer spricht später dann für sich!

Auch Fliesenlegen ist alles andere als eine einfache Arbeit. Besonders bei großen Flächen sollten Sie besser Profis hinzuziehen, so haben Sie später viel Freude an der gestalteten Fläche. Die Fliesen müssen dabei immer auf einen intakten, festen Grund wie etwa Zementestrich verlegt und mit wasserfestem Fliesenkleber befestigt werden. Denken Sie bitte daran, dass im Freien nur gefrittete Fliesen verwendet werden können, weil diese unempfindlich und witterungsbeständig sind.

Oben: Ein heiterer, auf einen Mosaiksockel gesetzter Marmorbrunnen dominiert diesen Innenhof im arabischen Stil. Das detaillierte, farbige Mosaik erinnert an einen Orientteppich.

Rechts: Hier wurden dekorative Fliesen dazu verwendet, den Betonestrich aufzulockern.

Gegenüber: Dieser exotische Brunnen ist mit silbrig schimmernden Mosaikfliesen besetzt.

Pflanzgefäße

Seit Beginn der Zivilisation wurden Töpfe und Gefäße aus Ton hergestellt. Gärtner nutzen Terrakotta meist für Pflanzgefäße. Die schönsten entstehen nach wie vor in Handarbeit.

Rechts: In die Bepflanzung einbezogene, glasierte Tontöpfe bringen Spiegelreflexe in den Garten.

Unten: Alte Ölkrüge aus Terrakotta bilden in dieser naturnahen Bepflanzung einen Blickfang.

Die berühmtesten und meist gesuchten Terrakottagefäße kommen aus dem toskanischen Impruneta. Der dort vorkommende Ton ist extrem fein und dicht. Moderne Pflanzgefäße werden in vielen Gegenden der Welt hergestellt. Auch wenn sie vielleicht aussehen, als kämen sie vom Mittelmeer, können sie doch aus China stammen.

Traditionelle Muster, manchmal mit Frucht- oder Blumengirlanden verziert oder gebauchten Amphoren nachgeformt, sind nach wie vor sehr beliebt, aber auch einfache Formen werden gesucht. Große, markante runde Töpfe mit wulstigen Rändern eignen sich ideal für eine Bepflanzung mit Palmenarten oder Olivenbäumen. Das Ergebnis ist wunderschön, da Strukturen und Farben von Gefäß und Pflanze an sonnige und warme Klimazonen erinnern. Quadratische oder rechteckige Gefäße kann man mit sauber getrimmten Formschnittgehölzen bepflanzen. Übergroße, moderne Gefäße in spektakulär schlichten Formen passen wunderbar in ein zeitgenössisches Ambiente und entfalten die beeindruckendste Wirkung in einer formalen Gruppe.

Natürliche, unglasierte Terrakottagefäße sind porös, in der heißen Sonne bleiben sie kühl und lassen die Erde langsam und natürlich austrocknen, ohne dass Staunässe entsteht – ideal für Pflanzen. Die Erde bekommt genug Luft, sodass die Wurzeln gesund bleiben.

Um in kalten Wintern Frostschäden zu vermeiden, sollten Sie frostfeste Terrakottagefäße kaufen. Das bedeutet, dass sie bei mindestens 1 000 Grad Celsius im Ofen gebrannt wurden. Wenn die Töpfe einen Sprung haben, kann Wasser eindringen und sie bei Frost sprengen. Deshalb sollte man sie am Ende des Sommers immer entleeren. Auch wenn glasierte Terrakottakübel sehr hübsch aussehen, eignen sie sich selten für den Außenbereich.

Oben: Die Bepflanzung mit niedrigem, in Form geschnittenem Buchsbaum balanciert die eleganten, hohen und modern wirkenden Gefäße aus.

Links: Diese Reihe handgetöpferter, hoher Tonurnen wurde auf einen Zinksockel gestellt. Auch ohne Bepflanzung setzen sie einen frappierenden Akzent.

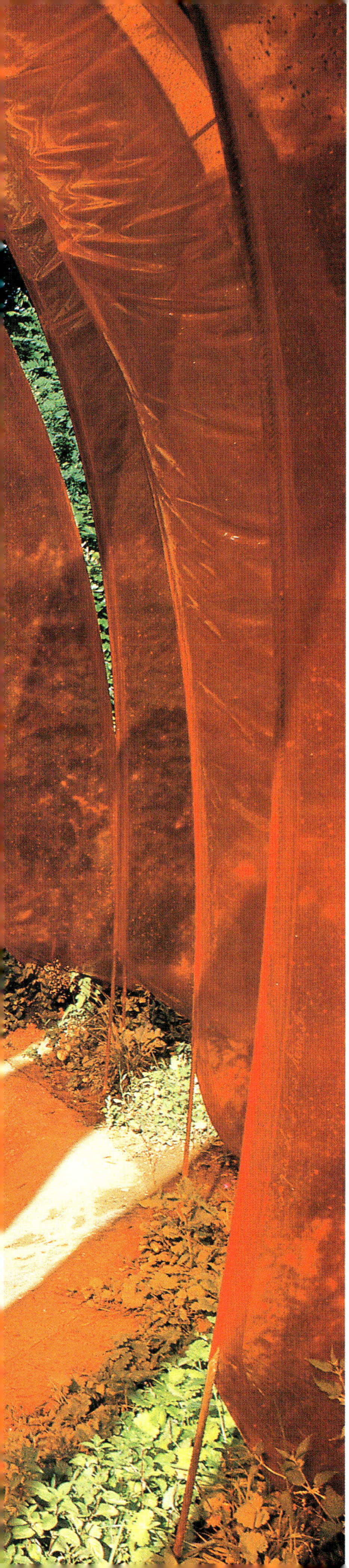

Kapitel sieben

Neue Materialien

In unserem Garten spiegelt sich die Gegenwart, aber auch die Ideen der Vergangenheit sind noch präsent. Ein Garten ist Teil der Welt, in der wir leben, Moden und Trends halten auch hier Einzug. Technische Weiterentwicklungen führen zu neuen Stilrichtungen und Materialien. Der Garten ist die ideale Bühne, um vielfältigste Emotionen zu inszenieren.

Links: Auf dem Gartenfestival in Chaumont werden jährlich überraschende Gestaltungsideen präsentiert. Dieser schwungvolle Tunnel besteht aus Reifen dünner Plastikfolie. Je nach Sonnenlicht entstehen lebendige Farb- und Lichteffekte.

Neue Materialien Einführung

Nicht nur im Inneren von Häusern, sondern immer auch in Gärten wurden neue Gestaltungsideen und neue Techniken gezeigt. Unsere Zeit ist da nicht anders als vorangegangene Jahrzehnte und Jahrhunderte. Dank spezialisierter Herstellungsprozesse gibt es mittlerweile ein breites Spektrum haltbarer und attraktiver Synthetikmaterialien. Sie wurden in den letzten Jahrzehnten für den häuslichen und industriellen Gebrauch entwickelt und kontinuierlich verbessert. Und jetzt finden sie ihren Platz auch draußen im Garten.

Synthetische Materialien sind gerade im Freilandeinsatz vorteilhaft, und das sowohl, was ihre dekorative Wirkung angeht als auch, was ihre praktische Vorteile betrifft. Sie wiegen nicht viel, sind wasserfest und können zu Textilien für Polsterauflagen, Sonnenschirme und Markisen versponnen werden. Gießt man sie in Formen, werden Gartenmöbel und Pflanzgefäße oder Scheiben zum Verglasen daraus. Sogar alte Plastiktüten wurden schon zu Bänken recycelt.

Der sichtbarste und markanteste Beitrag, den Kunststoffe für den Garten leisten, ist die Farbe. Jeder nur denkbare Farbton ist verfügbar: leuchtendes Orange und Rot, intensives Rosa und Violett, kräftiges Blau, Grün oder Gelb. Und das Beste daran: Die Farben dieser modernen Materialien bleichen nicht aus. Verwendet man sie allerdings zu reichlich, wirkt ein Garten schnell künstlich. Zwar kommen auch in der Natur intensive Farben vor, dort aber nur auf kleinen Flächen – etwa in den ersten Frühlingstrieben, bei Blütenblättern oder leuchtenden Schmetterlingsflügeln. Diese Farben sorgen für Frische und Lebensfreude und passen natürlich besonders gut zu Bereichen, die für Kinder gedacht sind. Kleine oder größere leuchtende Farbtupfer setzen in einen modernen Garten Akzente. Und auch eher konservative Geschmäcker können die praktischen Eigenschaften der Kunststoffe nutzen, denn die neuen Materialien werden auch in neutralen Farben produziert, die sich gut mit kultivierten und schlichten Gestaltungen vertragen.

Gegenüber: Plexiglas gibt es in einem großen Farbspektrum. Es lässt sich in jede Form schneiden, ist lichtdurchlässig und zerbricht nicht. Einen einzigartigen plastischen Effekt erzielt man, wenn man rechteckige Pfeiler aus mit wasserfestem Klebstoff verbundenen Platten herstellt.

Rechts: Die Oberfläche dieser ungewöhnlichen Plastikskulptur greift die Formen der umgebenden Pflanzen auf.

Ganz rechts: Die Sprenkelung dieses Harzes ergibt eine interessante Oberflächenstruktur.

Rechts: Witterungsbeständiges, geflochtenes Plastik wird immer häufiger für die Herstellung von Gartenmöbeln benutzt.

Ganz rechts: Die sehr glatte Oberfläche dieses Kunststoffes ist wundervoll durchscheinend.

Rechts: Kunstharz kann, wie bei diesem fantastischen Stuhl, zu sehr sinnlichen Formen verarbeitet werden.

Ganz rechts: Industriematerialien dienen im Garten oft ganz anderen Bestimmungen. Diese Trennwand wurde mit einem äußerst festen Packband bespannt.

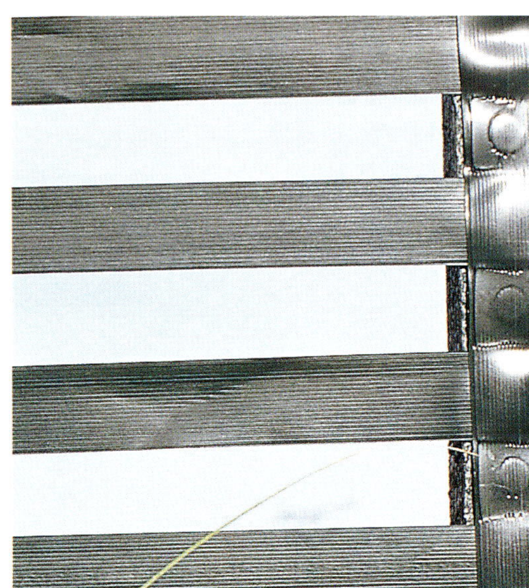

Ganz links: Wenn die Sonne durch das transparente Material scheint, wirft diese leuchtend rote Plastikmarkise spektakuläre Schatten.

Links: Recycling gehört heutzutage zum Alltag. Hier wurden gebrauchte Autoreifen in einem Bett aus geschliffenem Glas verlegt.

Ganz links: Kunststoffe mit Bläscheneffekt wirken bei allen Motiven für die Gartengestaltung besonders interessant.

Links: In einem modernen Ambiente eignen sich verstärkte Kunststoffe gut für Tischplatten und Planen.

Ganz links: Mit Kunststoff ummantelte Holzstäbe sorgen für Farbe und Wirkung.

Links: Dieser bewegliche Sonnenschutz aus wasserfestem Gewebe wird von waagerechten Drähten gehalten.

Moderne Materialien

Kunststoffe hat man in der Vergangenheit meist mit Schäbigkeit assoziiert. Dank neuer Herstellungsmethoden haben sie dieses Image längst verloren. Heute gibt es technisch erstaunlich raffinierte und vielseitige Produkte.

Unten: Diese Gestaltung imitiert den Schnitt durch einen Pflanzenstängel. Gummirohre symbolisieren Gefäße, durch die Wasser fließt, Gummiwände stellen den Erdboden dar. Gittertrommeln geben jungen Sukkulenten Halt.

Kunststoff ist eigentlich eine Gattungsbezeichnung, die sich auf ein breites Spektrum von in Aussehen, Ausführung und Preis sehr unterschiedlichen Materialien bezieht. Für den Garten geeignet sind vor allem Plexiglas, ein Acrylmaterial, das zu massiven Figuren oder flachen Scheiben geformt werden kann, sowie Polykarbonat, das etwas leichter, kratzfester und besser zum Verglasen geeignet ist.

Polypropylen wird durch Spritzguss geformt. In den 1960er Jahren machten Robin Days damals wahrhaftig revolutionäre Stapelstühle das Material bekannt. Heute sind diese Stühle aus Gärten kaum noch wegzudenken. Teflon kennt man als Anti-Haftbeschichtung aus der Küche, man nutzt es aber auch als wasserfeste Ummantelung für Textilien, z. B. beim Millenium Dome in London.

Kunststoff kann weich, biegsam, starr oder flüssig sein, transparent, opak, durchscheinend, farbig oder gemustert. Man kann Kunststoff zu Textilien und Lacken weiterverarbeiten, man kann ihn zu Figuren formen, so dient er vielen unterschiedlichen Zwecken. Kunststoffprodukte sind sehr praktisch, wiegen wenig, sind wasserfest und witterungsbeständig. Man muss auch keine Angst mehr haben, dass Oberflächen verblassen oder verrotten – Kunststoffprodukte sehen immer wie neu aus, ein Effekt, der vielleicht nicht immer erwünscht ist.

Gummi ist ein natürliches Material, das immer öfter im Freien auftaucht. Es wird vor allem auf Kinderspielplätzen eingesetzt, weil es so weich und nachgiebig ist. Gummi ist teuer und knapp, daher wurden interessante synthetische Alternativen entwickelt. Synthetische Gummimatten mit Noppenprofil eignen sich als praktischer, rutschfester Belag für Terrassen und auch für Spielplätze.

Kunstrasen kennt man als robuste, pflegeleichte Sportoberfläche aus Sportstadien und von Sportplätzen. Inzwischen taucht er als Ersatz für natürliche Rasenflächen auch in kleinen Gärten auf. Er sorgt für eine frischgrüne, verschleißfeste Oberfläche und sieht auch bei minimaler Pflege ganzjährig herrlich grün aus.

Oben: Mit Kunststoff ummantelte, hölzerne Gartenhacken beherrschen einen Gartenbereich und sorgen für eine fröhliche Farbwelle.

Rechts: Durchscheinende Plexiglassäulen mit Bläscheneffekt wirken bei dieser wellig gebogenen Überdachung optisch neutral und nehmen das Unterwasserthema anmutig auf.

Abgrenzungen und Trennwände

Welche Umzäunung man wählt, hängt davon ab, welchen Effekt man erzielen will. Opake Zäune sichern die Privatsphäre; lichtdurchlässige schützen vor Wind, ohne die Sicht zu verstellen, Bögen rahmen einen Blickpunkt ein.

Einer der größten Vorteile von Plexiglas ist seine Transparenz. Es ist daher ideal, wenn etwas abgegrenzt, Licht und Aussicht aber nicht versperrt werden sollen. Man bekommt es glasklar oder getönt in leuchtenden Farben. Plexiglas besitzt die Eigenschaften von Farbglas, ist aber so bruchfest und robust wie Plastik und wird häufig verwendet, um Balkone vor Wind zu schützen. Das leichte Gewicht ist natürlich ein großer Vorteil, allerdings ist Plexiglas sehr kratzempfindlich.

Man kann viele spannende grafische Effekte erzielen, wenn man aus den Platten Bretter schneidet. Eingelegte, geometrische Formen lockern eine glatt verputzte Wand auf oder können als Bretter auf den oberen Rand gesetzt werden. In einem großen Garten mit ausreichend Platz kann man, glühenden und schweigsamen Wächtern gleich, monolithische Bretter aufstellen, die die Bewegungen des Sonnenlichts einfangen. Einen Innenhof können Sie nach Einbruch der Dunkelheit durch einen großen, senkrechten Lichtkasten beleben. Kleine, bunte Lichtkästen, die geschickt in hölzerne Lamellenwände integriert werden, akzentuieren so einen abgeschirmten Sitzplatz und verleihen ihm Flair.

Auch im kleinsten Garten soll man etwas entdecken können. Eine Trennwand schirmt eine Öffnung ab oder verleiht einem geschützten Essplatz etwas Privates. Ein fröhlicher Vorhang aus kleinen Plexiglasscheiben mit Metallringen im Retro-Look erinnert an ein klimperndes Courrèges-Kleid. Hängen sie ihn auf, um einen Privatbereich im Garten abzugrenzen.

Mit synthetischen Textilien, die man ganz einfach über einen hölzernen Rahmen spannt, kann man ohne großen Aufwand praktische Abgrenzungen schaffen. Dieses vielseitige System, das aus mehreren Rahmen bestehen kann, ist besonders an exponierten Standorten wie Dachterrassen und überall da, wo man sich vor Wind schützen möchte, sehr nützlich. Man kann die Textilien senkrecht, waagerecht oder diagonal befestigen, um sich vor Sonne und Wind zu schützen oder auch den neugierigen Blicken der Nachbarn.

Eine segelartige Markise wirkt sehr schwungvoll und dynamisch. Sie ist ein guter Wetterschutz und bietet dabei auch ausreichend Privatsphäre. Mit diesen Segeln bringt man immer ein bisschen Küsten- und Urlaubsflair in den Garten. Man kann ein solches Sonnensegel an einer Mauer befestigen und mit Schnüren abspannen, die an Heringen im Boden sicher befestigt werden.

Unten: Dieses Sonnensegel sorgt für willkommenen Schatten.

Gegenüber: Die schimmernde Oberfläche entsteht, weil das Acrylbrett im Stahlrahmen dieser Trennwand mit Spiegelfolie beschichtet wurde.

Möbel und Pflanzgefäße

Seit seinem ersten Erscheinen als wackliger, weißer Prototyp ist der Plastikstuhl erwachsen geworden. Bessere Materialien und Produktionstechniken haben neue und anspruchsvolle Designs für jeden Geschmack hervorgebracht – in farbigen und neutralen Tönen.

Unten: Neue, geflochtene Kunststoffe erobern die Gartenmöbelproduktion. Dieses witterungsbeständige Material ahmt natürliches Flechtrohr nach, so können die bequemen Möbel das ganze Jahr über im Freien verwendet werden.

Stapelbare Stühle sind sehr praktisch. Im Winter lassen sie sich gut aufbewahren und man kann sie gut ein- und ausräumen. Die heute erhältlichen, stabil geformten Modelle wirken elegant. Leichter wirkende Entwürfe kombinieren Stahl- oder Aluminiumbeine mit starren synthetischen Sitzschalen.

Auch im Garten sollte der Humor nicht zu kurz kommen – lachen ist gesund und tut uns gut! Nichts eignet sich für optische Scherze besser als Skulpturen. Man könnte z. B. auf Stühlen Platz nehmen, die an die Raumfahrt erinnern, oder auf starren Behältern aus Presskunststoff, die wie zerdrückte Boviste aussehen, laszive rote Sofas beflügeln die Fantasie. Plexiglasplatten sind stabil und sehen doch leicht aus. Man kann praktische und doch auch fantasievolle Tischplatten und Bänke daraus herstellen. Auch für an einem Seil herabhängende Schaukelstühle ist Plexiglas sehr geeignet.

Synthetische Fasern eignen sich ganz hervorragend für Textilien im Außenbereich, die ja besonders strapazierfähig sein müssen. Meist werden sie bei Klappliegen und Liegestühlen auf Aluminiumrahmen gespannt. Das hat den großen Vorteil, dass man sie sehr leicht und bequem verstellen kann.

Weil diese Gewebe durchlässig sind und schnell trocknen, eignen sie sich natürlich besonders gut für Möbel im Schwimmbeckenbereich. Kunststoffe können so geformt werden, dass sie natürliche Materialien imitieren. Es gibt heute synthetische Möbel, die elegante Korbsofas und -sessel recht überzeugend nachahmen. Sie sind zwar teuer, bereichern das Genre aber durch Bequemlichkeit im klassischen Stil.

Synthetische Pflanzgefäße sind für schwer zugängliche Gärten ein Segen, auf Balkonen und Dachgärten ist ihr geringes Gewicht vorteilhaft. Moderne, aus PVC und anderen Kunststoffen geformte Gefäße werden immer attraktiver, die größte Auswahl bieten solche aus glasfaserverstärktem Kunstharz. Dieses Material ist leicht, stabil und kann viele verschiedene natürliche Materialien, darunter Terrakotta, Stein, Blei und Bronze, imitieren. Die Modellpalette reicht von traditionellen Reproduktionen bis hin zu schnittigen modernen Formen.

Links: Der sinnliche rote „Liebessitz“ aus Kunststoff veranschaulicht die plastischen Möglichkeiten dieses vielseitigen Materials.

Unten links: Wenn Platz knapp ist, sind gut gestaltete, stapelbare Plastikmöbel wie diese weißen Stühle unschätzbar. Man kann sie sowohl im Haus als auch im Garten benutzen.

Unten: Diese aufregend geformten Sitze bestehen aus stabilem Kunstharz und haben eine speziell bearbeitete Oberfläche.

Kapitel acht

Organisches

Unser Alltag mit oft engen Zeitplänen, überfüllten Nahverkehrsmitteln und akustischer Dauerberieselung lässt uns oft an Flucht in ein Paradies denken. Nicht immer ist das möglich, aber in Ihrem Garten können Sie gegen den Strom schwimmen und sich ein erholsames, naturnahes Refugium schaffen.

Links: Ein schönes Beispiel für die Vielfältigkeit organischer Gestaltung. Unzählige junge Triebe drücken auf der Suche nach Tageslicht die Erde nach oben. Der Laufsteg lockt den Betrachter, versteckte Abgründe zu erforschen.

Organisches Einführung

In einem ansprechenden, unkonventionellen und ungezähmt wirkenden Garten kann man hervorragend natürliche, unbehandelte Materialien verwenden, die ihren eigenen organischen Rhythmen und Formen folgen dürfen. In naturbelasseneren Gärten finden Vögel und Insekten Nistmöglichkeiten zwischen Ranken und Zweigen und Erfrischung an nahe gelegenen Wasserstellen. Ein solcher Garten entfaltet seine beruhigende Wirkung auch bei uns Menschen, er sollte also unbedingt reichlich Platz zum Sitzen und Genießen bieten.

Es ist immer wieder interessant, gängige Gestaltungen mit Materialien auszuprobieren, die eigentlich für ganz andere Zwecke gedacht waren – dabei entstehen oft die aufregendsten gestalterischen Ideen. In einer modernen Interpretation können natürliche Materialien z. B. sehr gut mit einem strengen, modernen Design kontrastieren. Natürlich könnte der Garten auch ein unkonventionelles Thema aufgreifen, unerwartete und ungewöhnliche Materialien verwenden und eigenwillige Fundstücke dekorativ einbeziehen.

Querdenkern und allen, die ein Auge für Formen und Strukturen haben, steht eine Welt voller Materialien offen, aus denen sie Skulpturen schaffen können, die durch individuelle Akzente noch an Reiz gewinnen. Besonders vielseitig ist Treibholz, dessen oft überraschende, anthropomorphe Formen in Arrangements integriert werden können. Es lohnt sich auch, in der Nähe von Werkstätten und Abfallcontainern nach nützlichem Baumaterial zu suchen. Auch Räumungsverkäufe und Kleinanzeigen sind ein gutes Jagdgebiet, z. B. für ausrangierte Fabrikböden. Größere Bretter wie etwa alte Dachbalken ergeben hervorragende Bauklötze. Auf recyceltes Baumaterial spezialisierte Händler sind zwar oft teuer, bieten aber häufig ungewöhnliche Baumaterialien an. Ein Hinweis: So schön sie aussehen und so praktisch sie sind, ausrangierte Bahnschwellen dürfen wegen ihrer Imprägnierung in Deutschland in Privatgärten nicht verwendet werden.

Gegenüber: Diese „Brücke" über einen zugewachsenen Teich besteht aus Teilen von Fischernetzen und wurde mit einem von Unkraut bewachsenen Tau dekoriert. Jetzt sieht sie aus wie ein Tiefseeungeheuer.

Rechts: Exotische Ranken können verflochten und als dekorative Baumaterialien verwendet werden.

Ganz rechts: Auf Stützen aufgenagelte, ungeschälte Zweige von Haselnuss, Hartriegel und Weide bilden Trennwände und Abgrenzungen.

Rechts: Sorgfältig durchbohrte und mit Schlüsselringen verbundene hölzerne Wäscheklammern interpretieren das Thema Abschirmung auf neue Weise.

Ganz rechts: Dieser alte Schienenwagen ist der perfekte Hintergrund für die natürlich wachsenden, mehrfarbigen Gräser im Vordergrund.

Rechts: Dieser rustikale Pfeiler besteht aus hoch aufgeschichtetem Treibholz.

Ganz rechts: Kordel aus verzwirntem Seegras eignet sich hervorragend für Trennwände.

Ganz links: Stroh und Jute setzen im Garten natürliche Akzente und lassen sich gut zusammenbinden.

Links: Körbe aus Baustahlgittern müssen nicht immer mit Steinen und Fels gefüllt werden; die Holzpfähle hier wirken sehr freundlich.

Ganz links: Aus alten, behandelten und auf dem Rasen ausgelegten Weichholzbrettern entsteht schnell ein bequemer Weg.

Links: Alte Teelöffel gehören zu den vielen alltäglichen Dingen, mit denen man fantasievolle Gestaltungen wagen kann.

Ganz links: Diese traditionelle Lagerung für Äpfel wirkt auch dekorativ.

Links: Taue und Seile bringen maritimes Flair und interessante Details in den Garten.

Bodenbefestigung

Beim Gang durch einen naturbelassenen Garten kann man die Strukturen erkunden – dort die hölzernen Laufstege, die sich ihren Weg durch Wildgräser bahnen; hier Balken, die strömende Bäche so überbrücken, als wären sie eben dort hin gefallen.

Rechts: Rostige Beilagscheiben können kleinen Bodenbereichen Struktur verleihen.

Unten: Dieser rustikale Laufsteg entsteht durch aus einem alten Baumstamm geschnittene Scheiben.

Wiesengrundstücke verlangen eher nach einem zwanglosen Pfad als nach einem gepflasterten Weg. Rohe, abgelagerte Bretter bilden eine strukturierte Oberfläche, die gut mit dem frischgrünen Hintergrund kontrastiert. Eine natürliche Wirkung entsteht, wenn man unterschiedlich große und verschieden geformte Stücke in einem unregelmäßigen, fließenden Muster so aneinanderreiht, dass die Kontur des Geländes aufgegriffen wird. Auch die runden Scheiben eines zersägten Baumes können, ähnlich wie Trittsteine, einen sanft gewundenen Pfad im Gras bilden. Imprägnieren Sie die Holzscheiben vorher, dann können diese direkt auf den Boden gelegt werden. Besser ist es, wenn Sie Kies oder verdichtete Packware als Untergrund benutzen. Achten Sie darauf, dass die Oberfläche der Holzscheiben unter der Höhe der Rasenmähermesser liegt – sonst macht die Pflege später viel Mühe.

Rindenmulch, der normalerweise zum Mulchen benutzt wird, ist ein billiger Belag für Pfade und Laufstege und verhindert Unkraut. Die dunkelbraune Farbe wirkt natürlich und unaufdringlich. Jute oder Sisal, die üblicherweise als Bodenbelag für Innenräume verkauft werden, eignen sich für wenig oder gar nicht betretene Flächen. Auch sie verhindern Unkraut und bilden einen interessanten Kontrast zur Pflanzung. Wenn sie irgendwann verrotten, kann man eine neue Schicht auflegen. Als Bodenabdeckung tauglich ist auch festes Feinmaterial wie Splitter, Kiesel, Sand oder sogar Kohle. Auch Industrie- und Hausabfälle wie Beilagscheiben, Stahlplomben, Teelöffel oder Terrakottascherben eignen sich dafür. Erfolg und Wirkung stehen und fallen mit der Präsentation, arrangieren Sie sie daher wie Kunstwerke, nicht wie Müll.

Gegenüber: Dieser attraktive, scheinbar chaotische Laufsteg aus Brettern und Pfosten fußt auf sicheren Betonfundamenten.

Hochbeete und Stufen

Eine Terrassierung macht heikle Standorte wie lange, schmale Gärten oder solche in Hanglage optisch und räumlich reizvoller. Hochbeete erschließen in kleinen Gärten neue Dimensionen und ermöglichen das Gärtnern auch dort, wo das Bodenniveau flach ist.

Rechts: Die praktischen Stufen in diesem kleinen Innenhofgarten bestehen aus Eichenschwellen.

Unten: Große, runde Holzpfosten bilden für dieses Hochbeet eine Stützwand.

Hochbeete und Terrassen benötigen Stützmauern. Werden sie auf traditionelle Weise aus Naturstein oder Ziegeln gebaut, kann das sehr teuer werden. In einem Naturgarten aber kann man mit wenig Geld einfache, aber effektive Stützwände errichten. Entastete Stämme junger Bäume wirken mit ihren unregelmäßigen Formen und Strukturen fast wie ein Teil der Landschaft. Für ein flaches Beet kann man sie waagerecht anordnen, für Stützwände reiht man sie am besten senkrecht auf. Man erhält sie bei spezialisierten Holzhändlern. Statt der Baumstämme können Sie auch handelsübliche Rundpalisaden nehmen.

Eichenschwellen sind außergewöhnlich stabil und vielseitig. Dank ihres geradliniges Formats kann man sie gut verarbeiten. Es ist nicht immer einfach, sie zu zersägen – ohne gutes Werkzeug geht nichts! Weil sie sehr schwer sind, braucht man auch gute Zementfundamente; Stahlbolzen und Anker geben zusätzlich Sicherheit. Für ein flaches Beet können die Schwellen waagerecht, eine über der anderen, angeordnet werden. Bündig senkrecht nebeneinander gesetzt wird aus einer Reihe Eichenschwellen dann eine stabile Stützwand. In Deutschland dürfen ausrangierte Bahnschwellen wegen der Imprägnierung aus Umweltschutzgründen nicht verwendet werden, so schön sie auch aussehen und so praktisch sie sind.

Für die Setzstufen rustikaler Treppen eignen sich Abschnitte schwerer Holzbalken. Runde, rustikale Balken wirken sehr natürlich. Am schönsten sehen sie aus in einer Abfolge flacher Stufen, die mit kontrastierendem Kies oder Holzhäcksel bestreut sind.

Gegenüber: Durch einen verwilderten oder nassen Garten gelangt man am besten auf einem erhöhten Laufsteg. Damit das Holz die Belastung aushält, muss es stabil sein und fest in Betonfundamenten verankert werden.

Abgrenzungen und Trennwände

Informelle Einfriedungen wirken sehr natürlich, wenn man neue Geflechtmaterialien einsetzt, die man von der Rolle kaufen kann. Die Trennwände kann man auch aus Schilf oder Bambus flechten oder frische Weidenruten einpflanzen.

Unten: Trennwände dienen der Eingrenzung des Raumes. Hier bilden rustikale Pfähle die Stützen für Stahldraht, der die Beete fast unsichtbar umgibt.

Matten von der Rolle sind billig, vielseitig und sehen gut aus. Die aus Heidekraut, Schilf oder gespaltenem Bambus gefertigten Matten sind mit Draht verflochten und dadurch biegsam und sehr leicht aufzustellen. Ihr schlichtes Aussehen lässt sie in den Hintergrund treten und passt hervorragend zu einer lockeren, natürlichen Bepflanzung. Diese Matten sind auch sehr gute, leichte Abschirmungen für Dachterrassen und Balkone, sorgen dort für Privatsphäre und filtern Wind und Sonne.

Grob geflochtene Zäune sind eine alte handwerkliche Tradition, die in ländlichen Gärten eine wahre Renaissance erlebt. Sie bestehen aus Weidenruten, die in einen Rahmen aus Haselstecken geflochten werden. Es gibt sie in verschiedenen Größen und sie sind recht teuer. Sie haben eine sehr schöne Oberfläche, die manchmal verschiedene Flechtmuster zeigt. Aus gespaltenen Haselruten hergestellte Trennwände sind billiger und sehen etwas derber aus. Auf Gartenmessen oder direkt bei den Herstellern werden Sie schnell fündig. Manche Handwerker führen spezielle Kundenwünsche auch vor Ort aus. Bevor Sie aber viel Geld investieren, sollten Sie bedenken, dass die Lebensdauer dieses Materials nur wenige Jahre beträgt.

Eine schöne Alternative ist ein lebender Weidenzaun, der beständig weiter wächst und jedes Frühjahr frisch austreibt. Stecken Sie dafür frisch geschnittene Weidenruten diagonal in den Boden und verbinden Sie diese zu einem festen Geflecht. Pflege braucht so ein Zaun kaum, es reicht, ihn im Herbst in Form schneiden. Frische Weidenruten kann man im Frühjahr auf Gartenmessen oder direkt vom Bauern kaufen.

Für den Bau von Zäunen gibt es die unterschiedlichsten getrockneten Materialien. Schlankes, goldenes Schilf, wie man es bei Spezialisten für Reet-Dächer erhält, kann man mit farbigen Bändern bündeln und daraus elegante, japanisch anmutende Zäune und Trennwände machen. In Gartencentern finden Sie Bambus in verschiedenen Längen und Stärken. Er eignet sich für starre Trennwände und Pflanzenstützen, die Rohre werden dort, wo sie sich kreuzen, sorgfältig mit Knoten verbunden. Manche Weidenarten haben purpurn, orange oder gelb gefärbte Zweige und ermöglichen eine farbige Gestaltung. Man kann die Zweige durch Haselstecken flechten und so Zäune und Pflanzenstützen in der Form von Indianerzelten bauen.

Oben: Die Wäscheleine im Garten einmal anders interpretiert: dieser Sichtschutzvorhang besteht aus zahlreichen hölzernen Wäscheklammern.

Ganz links: Einen eigenwilligen Sichtschutz bilden diese auf Draht aufgefädelten Maiskolben am Ende eines Ganges.

Links: Von gehärtetem Glas umschlossene Strohballen geben diesen Bänken ungewöhnliche Strukturen.

Strukturen

Lassen Sie Ihren Gedanken freien Lauf und denken Sie wie Robinson Crusoe. Mit nicht viel mehr als ein paar Ranken, etwas Treibholz und einer regen Fantasie können Sie Bauten errichten, die Sie erfreuen und auch Tieren und Pflanzen dienen.

Seile und Taue aus Naturhanf sind schön strukturiert und beim natürlichen Bauen eine große Hilfe. Sie sind in verschiedenen Dicken und Stärken erhältlich und eignen sich für viele spektakuläre Motive. Besonders Kinder lieben eine Schaukel aus kräftigem Seil, das durch Löcher an den beiden Enden eines glatten Holzbrettes gezogen und verknotet wurde. Wo kein passender Baum zur Verfügung steht, kann auch eine Pergola Halt bieten.

Strickleitern entstehen durch Aneinanderknoten von Sprossen aus dicken Dübeln oder Teilen von Zaunbrettern. Lassen Sie Strickleitern von einem Baum oder einer hohen Wand herabhängen und wie im Dschungel Kletterpflanzen daran empor ranken. Wie Fischernetz geknüpfte Schnüre können zu natürlichen Abgrenzungen, Trennwänden oder Hängematten werden.

Oben: Alte Bäume regen dazu an, eine einfache Seilschaukel anzubringen, auf der man die Zeit vergessen kann.

Links: Ein attraktives, bewohntes Taubenhaus bringt einen Hauch Romantik und Intimität in den Garten.

Sie können Pflanzen daran erziehen und – in einen Holzrahmen gespannt – Klettergeräte für Kinder bauen.

Ein Refugium ist ein dauerhaftes Gartenbauwerk und kann für viele Zwecke dienen, als ruhiger Raum zum Malen oder Schreiben, als Töpferschuppen oder als Ort zum Plaudern. Es kann wettergeschützt sein oder wie ein abgeschiedener Innenhof oder eine Terrasse wirken. Die schönsten Unterschlupfe sehen stets so aus, als wären sie schon immer dort gewesen.

Eine Waldhütte entsteht aus einer hölzernen Rahmenkonstruktion aus Windbruchholz, die man mit gespaltenen Balken verkleidet. Sie können eine schattige, von verzweigen Baumstämmen gestützte Veranda anbauen. Decken Sie das Dach mit überlappenden Schindeln – kleinen, aus Holz gesägte Scheiben oder Rechtecken – oder mit Schilf oder Reisig.

Damit die Hütte stilecht wirkt, verkleidet man die Wände mit ausgeblichenen, ungleichen Brettern und deckt das Dach mit verrosteten Blechen. Auch eine Kombination von Treibholz, Ästen, zersägtem Weichholz, verdrehten Ranken und Seilen ist geeignet. Alles, wirklich alles ist beim Bau einer solchen Hütte erlaubt – es darf so wild sein, wie Sie wollen. Die einzige Bedingung ist, dass sie sicher und stabil gebaut und wind- und wetterfest ist. Auch wenn ein solcher Unterschlupf von außen noch so wild wirkt, kann er innen doch sehr behaglich und mit allen modernen Annehmlichkeiten ausgestattet sein: Heizung, Beleuchtung, sogar fließend Wasser und eine Kochmöglichkeit. Eine schattige Veranda mit Grill und Schaukelstuhl vervollständigt ein Refugium, das Sie immer wieder in den Garten einlädt.

Wer es besonders natürlich haben will, kann seinen Unterschlupf aus großen Baustahlgittern, die mit Steinen gefüllt sind, bauen. Trotz der strengen Form wirkt die Steinmasse rau und anziehend und suggeriert geballte Energie und offenbarte Natur.

Oben: Stahlgitter, wie man sie normalerweise mit Baustellen assoziiert, stehen für modernes Gartendesign. Gefüllt mit attraktiven Feuersteinen wurden sie hier geschickt in die Laubenkonstruktion einbezogen und bilden einen Sitzplatz und erhöhte Pflanzkästen.

Möbel und Dekoration

Ein gemütlicher Ort, wo man in faulen Stunden die Vögel beobachten und den Geräuschen der Natur lauschen kann – Möbel in einem Garten sollten wie ein Teil der Umgebung und nicht »hineingestellt« wirken.

Rechts: Eine alte Holzleiter verwandelt sich in eine organische Skulptur, wenn sie mit rostigen Nägeln gesäumt wird.

Unten: Bei diesen zauberhaften Naturmöbeln wächst Efeu über Rahmenkonstruktionen aus Draht.

An strategischen Punkten im Garten aufgestellte Stühle und Bänke sind gute Blickfänge und schöne Ruheplätze, in Design und Bau müssen sie nicht unbedingt anspruchsvoll sein. Rindenbedeckte Stämme, Weide, Kastanie und Haselnuss sind traditionelle Materialien für organische Möbel. Man kann sie ineinander verflechten und zu eigenwilligen Formen zusammennageln. Sie sind weder besonders bequem noch langlebig, aber eine wunderbare Dekoration und immer ein gutes Gesprächsthema.

Aus rustikalen, massiven Pfosten baut man einfach geformte und langlebige Sitze und Tische. Sind sie stabil gebaut, halten sie jahrelang. Wo man etwas Beständigeres und Praktischeres braucht, setzt ein markanter Tisch mit Bank, gebaut aus schweren Blöcken grüner Eiche, einen optischen Akzent und ist ein herrlicher Treffpunkt bei den Mahlzeiten. Oft sind die einfachsten Formen auch die schönsten, etwa dicke, gerade Stammabschnitte, die auf einen quadratischen Unterbau gesetzt werden. Bänke sind immer dekorativ. Ein einzelner sinnlich runder Sitz kann spektakulär aussehen und ist ein angenehmer Ort zum Innehalten und Nachdenken.

Damit der Garten natürlich wirkt, können dekorative Möbel buchstäblich aus dem Boden wachsen. Lebende Weidenmauern, die im zeitigen Frühjahr direkt in den Boden gepflanzt wurden, können zu Stühlen und schützenden Lauben verflochten werden, die jedes Jahr neue Triebe zeigen. Weidenskulpturen sind einfach herzustellen, wenn man lange Zweige in Form bindet. Man kann sie jederzeit entsprechend dem Wachstum der Pflanzen verändern. Auch junge, schlanke Bäume können so behandelt werden, um Bögen oder komplizierte Schleifenknoten zu bilden.

Formschnittfiguren wachsen zwar langsam heran, sind aber anspruchsvolle und natürliche Gartendekorationen. Von Vögeln und anderen Tieren bis hin zu

Ruderbooten kann man die unterschiedlichsten Figuren schaffen. Stühle um einen Tisch zeigen, wie vielseitig Formschnitt ist. Meist verwendet man immergrünen Buchsbaum, Eibe oder Zwergliguster, die aber alle teuer sind und recht langsam wachsen. Stattdessen kann man ein Drahtgerüst mit grünlaubigem Efeu bewachsen lassen.

Gartendekoration schöpft aus vielen Quellen, denn Inspiration kann man überall finden. Es macht Freude, Sturmholz am Waldrand oder angespülte Objekte bei einem Strandspaziergang zu sammeln, solange der Natur daraus kein Schaden entsteht. Dekoration muss sich nicht nur auf Frühling und Sommer beschränken. Auch im winterlichen Garten lassen sich rankenartige Triebe wie Weide, Hartriegel, Brombeeren und Efeu zu Objekten oder freien Formen flechten. Muscheln oder Steine können zu Arrangements zusammengestellt werden oder als Girlanden an einer Veranda oder einem Baum hängen.

Oben: Ein durchdachtes Arrangement flacher Kiesel verwandelt sich in eine interessante, natürliche Skulptur.

Rechts: Diese aus Schilf geflochtene, große Vase ahmt die Form des benachbarten Baumfarnes nach.

Wassermotive

Wasser bedeutet Leben. Zum Wohl aller dort lebenden Wesen gehört es auch in den Naturgarten. Ganz gleich, ob Sie Platz für einen großen Teich oder nur für eine flache Schale haben, viele Wildtiere werden sich davon angezogen fühlen.

Gegenüber: Dieser naturnahe Teich fügt sich gut in den Garten mit der fantastischen Küstenlandschaft im Hintergrund ein.

Unten: Verwitterte, in Sand und Kies verlegte Bretter ermöglichen die sanfte Annäherung an den Wasserrand.

Wassermotive wie Teiche, Bachläufe und Wasserfälle passen hervorragend in einen naturbelassenen Garten. Um möglichst natürlich zu wirken, brauchen sie eine Abgrenzung und einem Zugang vom restlichen Garten her. Ein einladender Laufsteg, der Wasserrand und umgebende Wiese verbindet, kann aus verwittertem Treibholz bestehen, das in ein Kiesbett verlegt wird. Ein seichtes Ufer mit flachen Steinen erlaubt Vögeln, den Wasserrand leicht zu erreichen. Und für Sie ist das knirschende Geräusch unter den Füßen bestimmt angenehm! Eigenwillige Holzstücke können in einen Wassergarten sehr vielfältig einbezogen werden. Ein schweres Brett oder ein gespaltener Baumstamm als Brücke über einen kleinen Bach verbindet zwei Gartenteile. Ein großartiger Sitzplatz entsteht durch eine Plattform aus Pontons, die zur Sicherheit auf Pfosten ruhen, die schon beim Bau des Teiches in ein Betonfundament gesetzt wurden.

Mit Teichfolie und einer Pumpe lassen sich Wassermotive recht einfach konstruieren. Eine leise aus einem Kiesbett hervorplätschernde Quelle, an der Vögel sich zum Trinken und Baden laben, ist besonders dann schön, wenn man nicht viel Platz hat. Für den Betrieb reicht eine kleine Tauchpumpe, die in einem Wasserreservoir in Gestalt eines Plastikeimers im Boden versenkt wird. Eine Schicht Kieselsteine, durch die das Wasser dringt, wird durch eine Schicht verzinkten Maschendrahts an der Oberfläche gehalten. Weitere darum herum verteilte Kieselsteine lassen alles natürlicher wirken, besonders dann, wenn man einfache Uferpflanzen wie weißbunt gebänderte Gräser und Schwertlilien dazu pflanzt.

Aufwändigere Konzepte wie Teiche und Bachläufe verlangen mehr Planung, damit das richtige Gleichgewicht von Wasser, Pumpe und Reservoir entsteht. Am häufigsten wird eine schwarze Teichfolie aus PVC benutzt, denn sie ist leicht zu handhaben und preiswert. Profis bevorzugen die teurere Butylfolie, weil sie fester und elastischer ist und allen Anforderungen standhält. Pumpen können oberirdisch oder, wie bei den meisten kleinen Anlagen, unter Wasser installiert werden. Man unterscheidet zwischen solchen, die Fontänen oder Wasserfälle betreiben und solchen, die als Filtersysteme in stehenden Gewässern wie Teichen nötig sind. Größere Anlagen lässt man am besten von Fachleuten installieren. Gerade bei elektrischen Installationen im Freiland ist besondere Vorsicht nötig. Deshalb ist es ratsam, die Anschlüsse von einem Fachmann legen zu lassen.

Register

Kursive Zahlen verweisen auf Abbildungen.

Bildnachweis

Alle Fotos außer den unten aufgeführten Bildern von Steven Wooster für Anness Publishing Ltd. Außerdem möchten die Herausgeber gerne den folgenden Gartengestaltern und Eigentümern für die Erlaubnis zur Veröffentlichung in diesem Buch danken:

o = oben; u = unten; l = links; r = rechts; m = mitte

S. 1 Chelsea Flower Show (2002); S. 2 © Steven Wooster; S. 4-5 © Steven Wooster/Interart Gallery; S. 5 o (Nebenbild) Chelsea Flower Show (2003); S. 5 m (Nebenbild) Estee Lauder Garden, New York; S. 5 u (Nebenbild) Chelsea Flower Show (2002); S. 6 und 7 (Nebenbild) Luciano Giubbilei (Entwurf); S. 10 © Steven Wooster/Luciano Giubbilei (Entwurf); S 7 Chaumont Gartenfestival (2003); S. 16 o Hampton Court Flower Show (2003)/May & Watts Garden Design (Entwurf); S. 18 © Steven Wooster; S. 19 Chelsea Flower Show (2003)/Tom Stuart-Smith (Entwurf); S. 20 o © Steven Wooster/Luciano Giubbilei (Entwurf); S. 21 ‚Garten aus der Wüste', Chelsea Flower Show (2003)/Christopher Bradley-Hole (Entwurf); S. 22 o und u Chelsea Flower Show (2003)/Eric de Maeijer & Jane Hudson (Entwurf); S. 24 o ‚Sinnlichkeit', Chelsea Flower Show (2003); S. 24 u Lachetts, UK; S. 25 Chaumont Gartenfestival (2003); S. 26 o Westonbirt Gartenfestival (2003); S. 26 u Ted Smyth (Entwurf); S. 27 Luciano Giubbilei (Entwurf); S. 28 Tatton Park Flower Show (2003)/Robert Frier für Charlesworth Design (Entwurf); S. 31 Chelsea Flower Show (2003)/Eric de Maeijer & Jane Hudson (Entwurf); S. 35 Bowles & Wyer (Entwurf); S. 37 o Chaumont Gartenfestival (2003); S. 37 u Chelsea Flower Show; S. 39 Bowles & Wyer (Entwurf); S. 41 Bowles & Wyer (Entwurf); S. 42 o Bowles & Wyer (Entwurf); S. 42 u ‚Gekühlt servieren', Tatton Park Flower Show (2003); S. 43 o Bowles & Wyer (Entwurf); S. 43 ul Westonbirt Gartenfestival (2003); S. 43 ur Westonbirt Gartenfestival (2003); S. 46 © Steven Wooster/Chelsea Flower Show (1998); S. 47 ‚Heiligtum', Tatton Park Flower Show (2003)/Jane Mooney (Entwurf); S. 54 © Steven Wooster/'Garten der lebenden Skulptur', Chelsea Flower Show (2000)/Christopher Bradley-Hole (Entwurf); © Steven Wooster/Josie Martin (Eigentümer); S. 54 l Tatton Park Flower Show (2003); S. 54 r Tatton Park Flower Show (2003); S. 55 u © Steven Wooster/Annie Wilkes (Entwurf); S. 58 © Didier Delmas; S. 59 l © Steven Wooster/Lucianoo Giubbilei (Entwurf); S. 59 r ‚Der Hafengarten', Chelsea Flower Show (2003)/Michelle Brown (Entwurf); S. 60 © Steven Wooster; S. 61 Tatton Park Flower Show (2003); S. 63 © Steven Wooster/'Pampas: Unendlichkeit durch Monotonie', Chaumont Gartenfestival (2001)/Josephina Casares, Martina Barrzi, Pablo Lorenzino, Thierry Lacoste, Patrick Charoin, Dries van den Brempt (Entwurf); S. 66 o Tatton Park Flower Show (2003); S. 66 u Chaumont Gartenfestival (2003); S. 67 Chaumont Gartenfestival; S. 68 © Steven Wooster; S. 69 l © Steven Wooster; S. 69 r © Steven Wooster/Ted Smyth (Entwurf); S. 70 l Chelsea Flower Show (2003); S. 70 r Westonbirt Gartenfestival (2003); S. 71 Chelsea Flower Show (2003); S. 72 o ‚Der Falsche Garten', Chelsea Flower Show (2003)/James Dyson & Jim Honey (Entwurf); S. 73 Westonbirt Gartenfestival (2003); S. 74 o © Jenny Hendy/'Flanade'; S. 74 u © Steven Wooster; S. 75 © Steven Wooster/'Zwischen Himmel und Erde', Chaumont Gartenfestival/Vincent Mayot & Thierry Nenot (Entwurf); S. 76 o © Garden Picture Library (Gary Rogers)/'Mutter Erde', Chelsea Flower Show (2001)/Ian Taylor (Entwurf); S. 76 u ‚Das Alte und das Neue', Chelsea Flower Show (2003)/Pickard School of Garden Design (Entwurf); S. 77 © Steven Wooster/Luciano Giubbilei (Entwurf); S. 78: Westonbirt Gartenfestival (2003); S. 79 Chelsea Flower Show (2003); S. 81 Chelsea Flower Show (2003); S. 82 ml Interart Gallery; S. 82 ul Chelsea Flower Show (2003); S. 83 ol Interart Gallery; S. 83 ur Chelsea Flower Show (2003); S. 84 © Steven Wooster/Rod Barrett & David Mitchell (Entwurf); S. 84 l © Steven Wooster; S. 85 r Ted Smyth (Entwurf); S. 86 Westonbirt Gartenfestival (2003), S. 87 © Steven Wooster/Tim Feather Design (Entwurf); S. 88 o und u Chaumont Gartenfestival (2003); S. 89 l ‚Städtisches Refugium eines Archäologen', Hampton Court Flower Show (2003)/Sarah Lloyd (Entwurf); S. 89 r Arley Hall, Cheshire; S. 90 l Interart Gallery, Holland; S. 90 r Chelsea Flower Show (2003); S. 91 Tatton Park Flower Show (2003)/Aedas, Mary Hoult & Ann Picot (Entwurf); S. 92 © Steven Wooster; S. 93 ol Ted Smyth (Entwurf); S. 93 u © Steven Wooster; S. 94 Interart Gallery, Holland; S. 95 r Chelsea Flower Show (2003)/Mark Gregory (Entwurf); S. 97 Wyken Hall, UK; S. 99 Chelsea Flower Show (2003); S. 101 ul Interart Gallery; S. 102 o © Steven Wooster/Scutt's Garden, Neuseeland; S. 102 u © Steven Wooster/Halmer Searle & Alan Bettesworth; S. 103 © Steven Wooster/Ross & Paula Greenville; S. 104 © Steven Wooster/Ross & Paula Greenville; S. 105 o © Steven Wooster, S. 105 u © Steven Wooster; ‚Diamantener Garten'/Bowles & Wyer (Entwurf); S. 107 o Chelsea Flower Show (2003); S. 107 u ‚Lebendes Fresko', Tatton Park Flower Show (2003)/Xternal Dimensions (Entwurf); S. 108 u © Jenny Hendy; S. 111 o und u Luciano Giubbilei (Entwurf); S. 112 Chaumont Gartenfestival (2003); S. 113 Westonbirt Gartenfestival (2003); S. 114 Westonbirt Gartenfestival (2003); S. 118 Westonbirt Gartenfestival (2003); S. 119 o Chaumont Gartenfestival (2003); S. 119 u Ellerslie Flower Show (2002); © Jenny Hendy; S. 121 Westonbirt Gartenfestival (2003); S. 122 Maria Ornberg (Entwurf); S. 123 o Chaumont Gartenfestival (2003); S. 123 ul Chaumont Gartenfestival (2003); 123 ur Chelsea Flower Show (2003); S. 124 Chaumont Gartenfestival (2003); S. 127 Chaumont Gartenfestival (2003); S. 131 Chaumont Gartenfestival (2003); S. 132 © Jenny Hendy; S. 133 Ellerslie Flower Show (2003); S. 135 o Chaumont Gartenfestival (2003); S. 135 ul © Steven Wooster/'Das Observatorium', Chaumont Gartenfestival/Philip Brown & Martin Lonsdale (Entwurf); S. 135 ur Westonbirt Gartenfestival (2003); S. 137 Westonbirt Gartenfestival (2003); S. 138 o Interart Gallery; S. 138 u © Steven Wooster/Chaumont Gartenfestival (2001); S. 139 u Westonbirt Gartenfestival (2003); S. 140 ‚Der Hausgarten der beweglichen Habe', Chelsea Flower Show (2003)/Murdoch Wickham (Entwurf); S. 141 © Steven Wooster/John Gosney; S. 142 u Chelsea Flower Show (2003); S. 144 Bowles & Wyer (Entwurf).

Außerdem möchten die Herausgeber folgenden Personen für die Unterstützung dieses Buches danken: Thérèse Lang, Bettina und Francesco Passaniti von Compact Concrete (www.compactconcrete.com) und John Wyer von Bowles & Wyer.

Bezugsquellen

Informationen zu ausführenden Betrieben
Bundesverband Garten-, Landschafts- und Sportplatzbau e.V.
Alexander-von-Humboldt-Straße 4
53604 Bad Honnef
www.galabau.de

Informationen zu Materialien
Stahl-Zentrum
Sohnstraße 65
40237 Düsseldorf
www.stahl-online.de

Stahl-Informations-Zentrum
Postfach 10 48 42
40039 Düsseldorf
www.stahl-info.de

Bundesverband Flachglas e.V.
Mühlheimer Straße 1
53840 Troisdorf
www.bf-flachglasverband.de

Bundesverband Deutsche Beton- u. Fertigteilindustrie e.V.
Schloßallee 10
53179 Bonn
www.betoninfo.de

Arbeitsgemeinschaft Pflasterklinker e.V
Schaumburg-Lippe-Straße 4
53113 Bonn
www.pflasterziegel.de

FSC Arbeitsgruppe Deutschland e.V.
Postfach 5810
79106 Freiburg
www.fsc-deutschland.de
(Infos zur zertifizierten, ökologischen Holzproduktion)

Bezugsquellen
Garpa
Kiehnwiese 1
21039 Escheburg
www.garpa.de
(Gartenmöbel und Accessoires)

Dedon
Marie-Curie-Straße 5
21337 Vastorf/Lüneburg
www.dedon.de
(Gartenmöbel aus Kunststofffaser)

Wood, Steel & More
Ohlstedter Straße 17
22949 Ammersbek
www.woodsteel.de
(Gartenmöbel und Accessoires)

Hoklartherm GmbH
An der Süderbäke 2
26689 Apen
www.hoklartherm.de
(Alu-Sitzgarnituren, Aluminium-Konstruktionen)

Pötschke Ambiente
Beuthener Straße 4
41564 Kaarst
www.poetschke-ambiente.de
(Gartenmöbel und Accessoires)

Teak & Garden
Lübecker Straße 29
46485 Wesel
www.teak-and-garden.de
(Gartenmöbel)

YOH-ART Home & Garden
Düsseldorfer Landstraße 415
47259 Duisburg
www.homeandgarden.de
(Gartenmöbel, Accessoires und Skulpturen)

Renate Weber
Liszthof 10
49076 Osnabrück
www.renate-weber.de
(Architektur- und Gartenornamente aus England)

Kehrle
53819 Neunkirchen/Siegburg
www.kehrle.de
(Terrakotta)

Garten- und Landschaftsbau
Heiko Regenstein
Staatsrat-Schwamb-Straße 36
55278 Undenheim
www.regenstein-galabau.de
(Steinlampen aus Marmor und Granit)

Sapristi-Möbel Antje Salup
Hauptstraße 14
55596 Wallhausen
www.sapristi.de
(Gartenmöbel)

Country Garden
Nagolder Straße 27
72119 Ammerbuch
www.country-garden.com
(Rankobjekte, Gartenmöbel, Steinfiguren)

Fischer Möbel
Dieselstraße 6
73278 Schlierbach
www.fischer-moebel.de
(Gartenmöbel)

Wolfgang Matt
Ländlestraße 34
74382 Neckarwestheim
www.matt-online.de
(Rankgerüste aus Metall)

Spang Keramik
Gottlieb-Daimler-Straße 9
74383 Pleidelsheim
www.spang-online.de
(Gefäße aus Glas, Metall und Keramik)

MWH Metallwerk Helmstadt
Flinsbacher Straße 1
74921 Helmstadt
www.mwh.to
(Gartenmöbel)

Haus No. 13
Lange Straße 16
77652 Offenburg
www.haus13.com
(Deko-Artikel)

Exclusive Garten- und Wintergartenausstattung
G. und C. Klumb
Langestraße 14
79348 Freiamt
www.exclusivgarten.de
(Gartenmöbel, Windobjekte, Pavillons, Brunnen, Sonnenuhren)

Haus- & Gartenobjekte
Andrea Wenzel
Maillingerstraße 3
80636 München
www.atelierwenzel.de
(Gartenfiguren, Sonnenuhren, Teichgesichter, Wasserspeier aus frostfestem Beton)

arte toskana
Eglinger Straße 18
82544 Moosham
www.arte-toskana.de
(Terrakotta)

Gartenkeramik Hentschke GmbH
Hofstetten 1
84326 Falkenberg
www.hentschke-keramik.de
(Frostsichere Steinzeug-Gartenkeramik)

Freitag & Sohn
Gartenstraße 21
85354 Freising
www.freitag-weidenart.com
(Weidenzäune, Weidenart)

Der besondere Garten
Jessica und Ralf Hildebrandt
Bregenzer Straße 60
88131 Lindau
www.derbesonderegarten.de
(Steinleuchten, Brunnen, Skulpturen)

Fa. Drebinger
Sulzbacher Straße 88
90489 Nürnberg
www.drebingergartentechnik.de
(Technischer Handel für Garten- und Landschaftsbau)

Trax Kunststeinprodukte
Ansbacher Straße 28
91183 Abenberg-Wassermungenau
www.stoneland.de
(Skulpturen)

Keramikwerkstatt im Steigerwald
Balthasar-Neumann-Weg 1
96181 Fabrikschleichach
www.keramik-im-steigerwald.de
(Gartenkeramik)